ヒーリング錬金術 ②

中世宝石賛歌と錬金術

神秘的医薬の展開

大槻真一郎 [著]
澤元 亙 [監修]

コスモス・ライブラリー

目次

はじめに--1

 オーラとは「朝の新鮮な風」------------------------------------1

第1章　マルボドゥス『石について』(1)------------------------3

 何にもまして大きい宝石の力‼------------------------------3
 錬金術は黄金作りから医薬へ転換------------------------------5
 真珠（ウニオ）は、「天の露」を集める貝----------------------7
 瑪瑙（アカテス）にも「天来の像」が刻印----------------------8
 乳石とサファイアは母乳に著効⁉----------------------------9

第2章　マルボドゥス『石について』(2)-----------------------13

 マルボドゥスの宝石一覧（その1）-----------------------------13
 病気治癒を約束する宝石と心身の〝波動共振〟-----------------13
 青色や緑色は、「癒し」の象徴的オーラ-----------------------19
 紫水晶（アメジスト）は「宗教者の純朴な心」-----------------20
 動物の霊力を秘めた雄鶏石なども存在-----------------------21
 今日の尿療法を思わせる山猫尿石---------------------------23

第3章　マルボドゥス『石について』(3)-----------------------25

 マルボドゥスの宝石一覧（その2）-----------------------------25
 比べものにならない人工と天然の宝石-----------------------25

i

心の奥底で感受できる万物浸透の宇宙意思-------------------30
　　　21世紀医学は、精神神経免疫学が主流-------------------31
　　　マルボドゥスの、旧約・新約聖書の叙述-------------------33

第4章　『リティカ』の宝石信仰-------------------37

　　　ギリシアの宝石賛美書『リティカ』-------------------37
　　　12世紀以後は、オルフェウスの名で愛読-------------------38
　　　善良な心の持ち主だけに下賜される宝石-------------------44
　　　信仰も知恵も持たぬ愚かな人間への箴言-------------------46
　　　万物との同質的共振が私のめざすもの-------------------48

第5章　『リティカ』とプリニウス-------------------51

　　　ローマの大博物学者プリニウスとの関連-------------------51
　　　いかさまを攻撃し続けたプリニウス-------------------57
　　　プリニウスの怒りの背景には金権腐敗が……-------------------58
　　　美しい輝きの宝石は私たちの心を映す〝明鏡〟-------------------59

第6章　ヘルメスの術としての錬金術(ヘルメティカ)-------------------63

　　　ヘルメス神と錬金術の結び付き-------------------63
　　　錬金術の高貴さは豊穣と神秘の〝黒色〟に-------------------64
　　　冥府からの再生が、錬金術の変性と合体-------------------65
　　　『ヘルメス文書』は、神の叡智の伝授書-------------------67
　　　エメラルド版には、世界の創生原理が記述-------------------69
　　　宝石信仰の神髄は、永遠の生命の追及に……-------------------74

第7章　錬金術のスピリットと宇宙意思 ―――――― 77

　　錬金術と色の神秘 ―――――― 77
　　「火の玉」宇宙の創成と宇宙意思 ―――――― 79
　　錬金術と図形・記号の意味するもの ―――――― 81

第8章　記号・図説錬金術の様々な例 ―――――― 85

　　錬金術上の基本的なシンボル記号 ―――――― 85
　　錬金術図説の数例 ―――――― 94

第9章　実験の精神と抽出の作業 ―――――― 97

　　エッセンスの抽出に向けて ―――――― 97
　　蒸留器について（「生命の水」誕生に向けて） ―――――― 102
　　鉄のアルコール（?!）と「生命の水」をとおしての
　　　医薬錬金術への道 ―――――― 106

第10章　パラケルススの錬金術 ―――――― 111

　　塩（主としてアルカリ塩）の記号と効用 ―――――― 111
　　パラケルススの錬金術的医学 ―――――― 116

第11章　錬金術的宇宙におけるカオスとコスモス ―――――― 123

　　パラケルスス宇宙医学におけるカオスとは?! ―――――― 123
　　いろいろなカオス談義 ―――――― 126
　　混沌塊の話 ―――――― 134

結語——錬金術的人生論 -- 137

  自然の気と宇宙意思 ------------------------------------- 137
  遠心力としての科学（science）と
    求心力としての良心（conscience） ------------------ 141
  生は死、死は生――宇宙意思に従って
    ただただ健全に生きること --------------------------- 145

解説――マルボドゥスと『リティカ』について
           高橋邦彦 -------- 151

あとがき **澤元 亙** -- 161

索引 -- 167

著者／監修者紹介 -- 173

はじめに

オーラとは「朝の新鮮な風」

　オーラ、つまり英語のaura(オーラ)には、「蒸気、香気、霊気、気風、雰囲気、気流、前兆、朝のすがすがしい微風をおくる女神」など多くの意味があります。オーラは、もともとはギリシア語のaura(アウラ)であり、例の詩人ホメロスによって謳われたという『オデュッセイア』には「朝の新鮮な風」の意味をもって登場してまいります。ギリシア神話で神格化したのがAura(アウラ)であり、多くは複数形のAurai(アウライ)（朝のそよ風をおくる女神たち）として出てきます。

　が、もともとauraは、空気を示すギリシア語のaēr(オーラ)（→英語のair(エア)「空気」）と同じく、aēmi(アエーミ)（息を吹く、風をおこす）という動詞に関連いたします。

　空気が万物の元であり生気の根源であると考えた古代ギリシアの哲学者もいましたが、空気には、天の霊気を示すようになったaitēr(アイテール)（英語のether(エーター)（つまりエーテルの語源）からphȳsa(フューサ)（われわれの体内ガス）まで、さらにはpneuma(プネウマ)（息、精気、霊魂）などいろいろありますが、インスピレーション（英語でinspiration「天の霊気を吸い込むこと、霊感」）やスピリット（spirit「精神」）も、「息をする」spire(スパイアー)（←ラテン語spiro(スピロー)「息を吐く、吹く、呼吸する」）といった空気・呼吸に関連してできた言葉であります。

　そこで石の気の「気」ですが、オーラが一種の蒸気であったように、気（＝氣）も米と气、つまり米をゆでたときの气のように曲がって出る湯気であり、広くは、天地の間に流れる生気・

活力などを表すようになりました。

　しかし、石のオーラを語る前置きはそれぐらいにして、まず最初にここで紹介する貴重な文献は、中世後期（11世紀）に書かれたというラテン語原典の詩編であります。この詩をとおして私が石を語るのは、第1章・最初の小項目のタイトルにあるとおりであります。

第1章　マルボドゥス『石について』(1)

何にもまして大きい宝石の力！！

　Ingens est herbis virtus data, maxime gemmis.（イングンス エスト ヘルビース ウィルトゥース ダダ マークシメー ゲンミース）（植物に与えられた力はとても大きいが、宝石の力はそれにもまして遥かに大きい）が、この日本語題名に相当する有名なラテン語ですが、語句の１つ１つの説明は、本書全体のなかで、親しみやすい英語と日本語の関連をとおして順次していくことにして、とにかく、この１句はマルボドゥスというキリスト教司教が11世紀に書いた 'De Lapidibus'（デー ラピディブス）（『石について』全732行詩）の「序」(プロロゴス)（23行詩）の最後の行（ぎょう）に書かれている言葉です。

　序全体の内容としては、石の隠れた力について語ることが神秘の事柄であり、この神の秘密を守ることができる誠実で心正しい生活を送る人にだけ（ここでは司教マルボドゥスの３人の友だちだけ）今回の作品（732行詩）を見せよう、と心に決したいきさつの叙述があります。

　この中には、石の助けを借りて病を追い払う医師の熟練した治療や、石のお陰でありとあらゆる幸福が必ずもたらされることなども述べられています。

　「秘密にする」ということの背景には、神秘なものが世俗化されると、その卓越性が減らされることにあるようですが、私どもの用語を借りると、この神秘なものが発する力（オーラまたは気）が、それを受け取る私どもの内に存在する気と合わないならば、それこそまさに、馬の耳に念仏、猫に小判（金貨または銀貨）のたとえのようになるでしょう。

　いや、馬や猫どころではなく、物欲・金銭欲・権力欲・名誉

欲の強い人間であればあるほど、神秘な力はかえって悪用され冒瀆(ぼうとく)されることになるでしょうか。神秘な石が何千万円したとか、何億円するから儲かった、云々(うんぬん)というようになることは必然のこと、この人間社会一般、ことに現代社会をみれば、こういう世俗的欲得化は物の見事に実証されているとおりです。

　しかし、それに反して、心浄(きよ)く正しい誠実な人に所有されれば、浄く美しい宝石のオーラはその人に合った幸せをもたらすものになることを、信仰篤きマルボドゥスは確信をもって述べているのであります。まことに難しいことでありますが、私どもは、出来る限りギラギラする欲望からは幾らかでも解放されて自由になるよう、自己を浄め節度をもって生きるよう心掛けていかねばなりません。

　気と気が合う、と私は先に申しましたが、この出合い（気合い）こそは調和の気であり、調和はここでも立派に生きているよき言葉であると思います。ここには心の安らぎと力強い健康があるからこそ、植物を愛し、その気（オーラ、力）に養われた人たち、石を愛し、そのオーラを正しく受け入れた人たちは、それぞれの生き甲斐なり長寿なりを全うできたのでしょう。それかあらぬか、マルボドゥスは、平均寿命の短い当時にあっても90歳近くまで生きながらえたということです。

　植物をこよなく愛したプリニウス（紀元後1世紀ローマの有名な博物誌家）に対して、石に深く関心を寄せた紀元11世紀のマルボドゥスは、当時やっとキリスト教信者にも門戸が開かれ始めた異教のアラビア・エジプト・インドなどの文物や見事な宝石やその叙述に、素直にエキゾチックな驚嘆の気持ちを表しましたが、それには旧約（例えば「出エジプト記」）・新約（例えば「ヨハネ黙示録」）とつづく「宝石と黄金の永遠性」への憧憬のほうが、植物の生命力への評価よりも遥かに大きかったこ

とが、何よりの背景になっているのだといえましょう。

　が、それらのいきさつについては、今後の各論的に述べる箇所で触れることにします。

錬金術は黄金作りから医薬へ転換

　マルボドゥスは、『石について』の作品の中で60種類の石を扱いましたが、ここでは一般的な観点から、典型的に「天の露」と「天来の像」をそれぞれ叙述する「50番のウニオ（マルガリタ、真珠）」と「2番のアカテス（瑪瑙）」を少し取り上げたいと思います。

　名の由来の説明については後述するとして、まず真珠（ウニオ）から見ていくことにしましょう。——「……飾りとしては、衣服を飾る場合も黄金を飾る場合も同様に、その純白の姿が愛される。貝は一定の時期に空に向かって口を開け、開いた貝は天の露（rores spernos）」を集めるといわれている。その露から、白く輝く小さい核が産まれる。ウニオは朝の露からできるとより明るくなり、夜の露は黒いウニオを成長させるのが常である。……湿った空気の吸収が多ければ多いほど、その露は大きなウニオの粒を産む。……」(672〜647行)。この世は生成消滅、天界は永遠不滅という考え方は、古代・中世・近代を大なり小なり支配してまいりましたが、この世のものとは思われない色と輝きをもつ宝石が天のエキスを吸収してでき上がったと考えるのも当然でした。

　この世を支配するのは4つの元素（火・空気・水・土）で、これらが合ったり離れたりしてつくられる変化・変転のこの世界に対して、天上を支配するのは第5元素、天の霊気・霊光の光り輝くアイテール（エーテル←ギリシア語のaithō（「燃える」）。

こういう考え方から、ラテン語 quinta essentia（第5元素）から英語の quintessence（ものの精髄）という言葉の系列をつくり出しました。さんさんと天の霊気が地に降り注ぎ、それは地上の様々なものに吸収されていきます。

こうした永遠の気、つまりエッセンスを地上のものから取り出すことが、中世後半にいろいろ試みられ、それが13世紀以降のイタリアの蒸留技術、アルコール蒸留法につながり、現代の精油技術へと発展してまいりました。

その間、古代・中世の永遠性追求のシンボルであった錬金術は、もはや永遠不滅の黄金をつくることにではなく、永遠の天の霊気つまり前述のいわば隠れた天の露を、例えば植物から抽出し、それによって病を癒し健康に役立てる医薬とする方向に転換していったことは、まさに記憶に新しいものです。そういう観点から、私は「近代医化学の父」パラケルススをも研究してまいりました。

天の霊気とか霊光と言ってみても、近代科学からはすでに迷信として葬り去られているものをいまさら……と説く向きの合理的な考え方もあるとは思いますが、過去の天上・地上の観念はもともと内在の考えを外界世界に投影したものであって、これは本来の内在の心像として、ますます深めていくべき性質のものだったと私は思うのであります。

ひと頃よく世人は「神は死んだ」と申しておりましたが、誰か詩人も言っていたように、私ども人間の心の奥底に敬うべき神の宮居がなくなったために、神は遠く離れていっただけで、決して神が死んだわけではないのだ、と私も考えております。

真珠（ウニオ）は、「天の露」を集める貝

　そのことはまた後述するとして、さきの詩の中に謳われていた「ウニオ（真珠）は朝の露からできるとより明るくなり」の「朝」のことに少し触れておきたいと思います。

　さきにオーラに触れたとき、かなりの方々が、あのオーロラを連想されたのではないかと思います。確かに、音はよく似ておりますが、両者には直接の語源のつながりがあるわけではありません。が、朝のすがすがしい微風を女性神格化したギリシア語のaura（アウラ）にならんで、よく類比されるのがラテン語のaurora（アウローラ）であり、後者はローマ神話で女性神格化された「暁（あかつき）の女神」を指しております。

　このアウローラが夜明けの朝に東の空を美しく染める黄金色の曙光（しょこう）は、まさにオーロラ（極光）の語源であり、英語のeast（イースト）（「東」←ギリシア語aurōs（アウロース）やラテン語aurora（アウローラ）の語源）にも通ずるもの、さらにラテン語のaurum（アウルム）（永遠不滅のシンボルである「黄金」の意。また現代元素化学記号Auはaurumの略号）とも同語源の言葉であることを付記しておきたいと思います。石のオーラがオーロラのように美しい色とりどりの光彩を放つことについては、次の章に譲りたいと思います。

　東に向かってご来光をあおぎ、東に向かってキラキラ輝くように深いところからわき出る石清水（「医学の父」ヒポクラテスもこの水を水の中のいちばん健康的な水と考えていたようです）を飲むすがすがしい朝の自然との交感の生活を振り返りながら、真珠の次は瑪瑙（めのう）の話、天来の像の話に移りたいと思います。

瑪瑙(アカテス)にも「天来の像」が刻印

　まずはマルボドゥスの瑪瑙(アカテス)の叙述をみてみることにしましょう——「人々が言うには、アカテスが見つかったのは、同じ名前で呼ばれる川の岸だという。この石は価値が高く、シチリアの川岸を滑るように流れて行く。石自体は黒いけれども、白い縞(しま)模様におおわれている。この石には、天来の像(ingenitas figuras)(インゲニタース フィグーラース)が現れているという。石面には自然の文様が描き込まれ、あるものは王たちの姿を、あるものは神々の肖像を見せる。ピュロス王(エピロスの王で、在位は紀元前280〜前274年)は、その指にアカテスをはめていたという。その平らな面には、9人のムーサが姿を現わし、中心にはアポロンがキタラを弾いて立っていた。これは人間の技術のなせるわざではなく、自然のわざ、語るも驚嘆すべきわざである。クレタ島では、サンゴに似たアカテスも出る。その表面は金色の文様でおおわれている。この石は、確かに毒を退ける。蝮(マムシ)の出した毒さえも。インドもまた、さまざまな文様を見せるアカテスを産する。あるものは木々の葉の姿を、あるものは野獣の姿を現わしている。この石は渇きを鎮め、視力を回復させるとされている。……」(50〜73行)。

　天来というか宇宙というか、そういった無限に奥深い自然世界の気・オーラが、さまざまな像を動物に植物に鉱物に刻印していくわけですが、こんこんとわき出る永遠の泉のように造形・形象化されていくそれらの特徴(ラテン語 signatura(シーグナトゥーラ)→ドイツ語 Signatur(ジグナトゥーア), 英語の signature(シグニチャー))が、16〜17世紀には、現在の英語でもいわれるようなa doctorine of signature(シグニチャー)(特徴表示説)に集約されてまいります。

　このドクトリン(教説)は、近代のすぐれた自然神学的哲学

第1章　マルボドゥス『石について』（1）

者とも呼ばれるパラケルスス（16世紀）やヤコブ・ベーメ（17世紀）に至って結集する前に、中世後期の最大の神学者だったアルベルトゥス・マグヌス（『神学大全』を書いたトマス・アクィナスの師。「普遍博士」の称号をもつ）により書かれた膨大な何百編の著作の中の1つ『鉱物について』(De mineralibus) 5巻の中に詳しく説明され、叙述されています。が、これらの解説については、別の機会にかなり詳しく触れますので、いまはこの辺にして次の項目に移りたいと思います。

乳石とサファイアは母乳に著効!?

　宝石を、例えば指輪やペンダントにして身に所持するだけで、その石の素晴らしいオーラが驚嘆すべき効能をその人に示すかどうか、そんなことは古い呪いだとか迷信として葬り去ってしまうのが現代的科学合理論の帰結でしょうし、仮に鉱物薬剤として、すり潰すなり何なりして内服・外用するにしても、実際に効くよりも何かプラシーボ効果というか心理療法的なものとして片づけてしまう向きが多いと思います。が、とにかく、いまここではマルボドゥスがその詩の中で、例えば、石の内服、外用薬的効果をどのように取り扱っているかを少し垣間見ておくことにしましょう。

　さきの真珠の場合、マルボドゥスは、これをインドでのように粉末にしてハチ蜜やブドウ酒と一緒に引用することは、いっさい叙述していませんが、ごく少数の石については、その内服的・外用的効能とそれに類似した効果に言及しております。

　まずは現代的医学から見ても理解し易い珊瑚（20番目の石）から話を聞くことにしましょう。これは厳密には石ではなく小動物の骨の塊であるが、マルボドゥスはこれを石として次のように

言っています——「コラッルス（珊瑚(さんご)）は石であるが、……ブドウ畑やオリーブの木の間に撒かれたり、あるいは農夫の手で畑に種(たね)と一緒に撒かれると、穀物の茎に有害である雹(ひょう)を防ぎ、溢(あふ)れるほどに豊かな収穫がもたらされる。……」(312〜319行)と。

　上の叙述は、珊瑚の成分が炭酸カルシウムなどであることからも、植物への散布が、いわば内服・外用薬的に効果的であることは科学的にも納得のいくところで、見るからに多数に枝分かれした豊穣のシンボルとしても、まことに珊瑚にふさわしい事柄でありましょうが、次のような内服薬的な叙述になると、いわゆる科学一辺倒的根拠を重視する向きからは、原始的発想とか迷信のそしりをまた受けることでしょう。

　が、この例としては、42番のガラクティダ（乳石←ギリシア語gala(ガラ)「乳」。白亜または石灰石と考えられる）を最初に取り上げてみましょう——「同様に、灰に似た色のガラクティダは、ハチ蜜とともにすり潰して飲むと、乳がよく出るといわれている。……この石はナイル川が運んでくるが、アケロウス川（ギリシア最大の川）でも産する。この石は、擦(す)ると乳汁が出て乳の香りがする」(562〜578行)。

　次にもう1つ（外用薬）、5番のサファイア（原文はサッフィルス。103〜128行）の1節（125〜128行）をみると——「……。（サファイアを）乳汁とともにすり潰して塗ると、潰瘍を治し、眼から汚れを取り除き、額(ひたい)から痛みを取り去る。同じ方法ですり潰したものは舌の障害も癒してくれる。ただし、この石を持つ人はきわめて品行方正であることが求められる」と。

　さらに、同様な内服薬・外用薬的趣旨のものはほかに4つ5つ散見されますが、ここでは省略いたします。

　以上、マルボドゥスの『石について』という中世ベストセラー

本の紹介をしましたが、次章は、この作品の60種類個々の一覧表を提示し、その色合いと効力について、また中世人の心性とそれの示唆するもの、さらに歴史的な外観などをまとめ上げたいと思います。

第2章　マルボドゥス『石について』(2)

マルボドゥスの宝石一覧（その1）

　マルボドゥスは、『石について』の詩で取り上げた全宝石の功徳（virtus（→英語のvirture）「美徳・美点・効力」）を語り終わったところで、エピローグ、つまりこの「小冊子の結び」（Epilogus libelli）を次のような言葉でまとめています——「数限りない宝石の中から選び出された以上の名の宝石は、われわれの詩句によって明らかになった」(709〜711行) と。

　とは言っても、多くの合理的な考え方をする現代人にとっては、「この功徳が明らかになった」どころか、それらは、全くの荒唐無稽で呪術的な箇所も多い過去の単なる遺物以外の何物でもないと考えられ、簡単に捨て去られるかも知れません。が、それに対抗する釈明は徐々に口述していくことにして、まずは全60種類の石を一覧に供したいと思います（「マルボドゥスの宝石一覧表（その1）」参照）。

　しかし分量が多いので、全部いっぺんに挙げるのではなく、2つに分けます。本章が1〜30（その1）の宝石一覧であり、次章が31〜60（その2）となります。

病気治癒を約束する宝石と心身の〝波動共振〟

　一覧表を見てもお分かりのとおり、宝石の色彩に関する記述の数の多さはすでにお気づきになるでしょう。

　実際、それぞれの本文を見ると、サファイアは「非常にきらめいていて、明るい青空にとてもよく似ており」(104行)、玉髄

マルボドゥスの宝石一覧（全60種類）その1（前半30種類）

(語源指示のない場合はすべてギリシア語起源)

石　名	医学的な力	神秘的な力	その他の特徴（色・種類）
1．アダマス（adamas←a「ない」＋damazō「打ち破る」つまり「打ち破ることができない」きわめて硬い宝石）	毒薬を退ける。 狂乱に陥った人を治す。	鉄を引きつける。 携帯者を無敵にする。 夜の亡霊や幻影を追い払う。 争いや喧嘩を鎮める。 強い敵を追い払う。	きわめて硬い。 4種類ある。
2．アカテス（achates←Achates「シチリア島にある川の名」）	毒を退ける。 喉の渇きを静める。 視力を回復させる。	携帯者を守り、雄弁で、好感あふれ、容色のよい説得力のある者にする。	黒地に白の縞模様。 石面に自然が描いた紋様がある。
3．アレクトリウス（alectorius←alektōr「雄鶏」）	病人の喉の渇きを消す。	携帯者を無敵にする。 追放者の名誉回復。 演説者を雄弁にし、落ち着かせる。 恋の炎をかきたてる。	水晶のように明るく澄んでいる。 （去勢した）雄鶏の胃袋のなかから生まれる。
4．イアスピス（jaspis, iaspis←iaspis「ジャスパ、碧玉」←東方起源）	熱病や水腫を退ける。 出産を助ける。	力を与える。 悪しき幻影を追い払う。	おもに緑色、しかし多くの色がある。 17種類ある。
5．サッピルス（sapphirus←sappheiros「瑠璃、サファイア、青玉」←セム語系）	身体を活気づける。 四肢を健全に保つ。 身体内部の熱を冷やす。 過度の汗を抑える。 潰瘍を治す。 眼から汚れを取り除く。 額から痛みを取り除く。 舌の障害を癒す。	犯罪の害を受けない。 嫉妬心を抑え、いかなる恐れにも動揺しないようにする。 神を鎮め、神が祈りに心を留めてくれるようにする。 平和を回復する。	明るい空色。 聖なる石、宝石中の宝石。 携帯者は品行方正であることが求められる。 神降術に適している。
6．カルケドン（カルケドニウス）（calcedonius「玉髄」←chalkēdōn「ボスポロスにあるビテュニアの町カルケドン」）		訴訟に勝つ。	おもに薄い青色、しかし3色。
7．スマラグドゥス（smaragdus「エメラルド、翠玉」←smaragdos「エメラルドを含む緑色の宝石」）	激しい熱病（準三日熱）にかからなくする。 癲癇を治す。 嵐（疫病）を退ける。	隠れ場所を捜す。 未来を予知し予言する。 訴訟に勝って、財産を増やす。 気ままな衝動を抑える。	緑色が優れている。 12種類ある。 周りの空気を緑色に染める。 ネロが眼鏡に用いた。
8．サルドニクス（sardonyx「縞瑪瑙」←sardius, sardeios←「小アジアのリュディアの首都サルディス」、onyx「爪」）			黒地に白、その白に赤が重なる3色模様。 5種類ある。
9．オニクス（「縞瑪瑙」onix, onyx←onyx「爪」）	幼児の唾液を増やす。	幻影や悪夢に襲われる。	5種類ある。
10．サルディウス（sardius←Sardeis「サルディス」）		オニクスの害を防ぐ。	キイチゴ色。 5種類ある。

14

第2章　マルボドゥス『石について』(2)

11. クリソロトゥス （crisolitus, chrysolithus←chrȳsos「黄金色の」+lithos「石」）		夜の恐怖に対して力強い保護者となる。 悪魔を追い払う。	黄金・炎・海色に輝く。 金にはめこむと護符になる。
12. ベリルス（berillos, beryllus←beryllos「緑柱石」、外来語系）	きつく握ると手が焼ける。 弱った視力が治る。 胃のむかつきが治る。 息苦しさがなくなる。 肝臓の痛みが癒される。	夫婦の愛をもたらす。 名誉や富を増やす。	青色。 9種類ある。
13. トパジウス（「黄玉」topazios←topazos「黄緑色の宝石」←Topazos「島」の名）	痔を治す。 月を感じる（精神病によい）。	熱湯を鎮める。	黄金色、淡い緑色。 2種類ある。
14. イアキンクトゥス（ヒュアキントゥス）（iacinctus, hyacinthus←hyakinthos「青い色の宝石」）		悲しみを取り除く。 いわれのない嫌疑を晴らす。 安全を保障する。 名誉にふさわしい評価を得る。 挫折を味わうことがない。	3種類（赤、黄、空色）ある。 あらゆる面で強い効能をもつ。 まわりの空気の色に反応して染まる。
15. クリソプラッスス（crisoprassus, chrysoprasus←chrȳsos「黄金色の」+prason「黄緑色のニラ」、つまり「黄金色がかった緑色の石」）			単色ではない。 私はまだこの石のもつ力は知らないが、何か力があると信じる・
16. アメティストゥス（ametistus, amethistus, amethystus←a「ない」+methystos「酔う」、つまり「酔うことのない」）	酒に酔うのを防ぐ。		紫色、バラ色。 5種類ある。
17. ケリドニウス（chelidonius←cheridōn「ツバメ」）	月の病（精神病）を鎮める。 狂気や脱力感を癒す。 衰えた視力を治療する。 熱をひかせる。 有害な体液を抑える。	雄弁家となり人に好かれる。 仕事を然るべく片付ける。 瑣事を遠ざける。 王の怒りを和らげる。	2種類（赤、黒）ある。 ツバメに生じる。 不格好だが力では何者も及ばない。
18. ガガテス（黒玉 gagates←gagates「亜炭、褐炭、黒玉」←Gagas「小アジアのリュキアにある町」?）	リンパ腺が腫れた人によい。 ぐらついた歯を固める。 月経を正常にする。 むかつく胃腸をなだめる。 激しい心臓発作を鎮める。 出産を促し安産にする。	籾殻を引き寄せる。 癲癇の人をあばく。 野生のカメ・ヘビを追い払う。 ペテンを見破る。 のろいの呪文を解く。 処女を捜し当てる。	つやのある黒色。
19. マグネテス（magnetes「磁鉄鉱」←Magnēs「マグネシアの石」）	水腫を取り除く。 火傷を癒す。	鉄を引き寄せる。 妻の貞操を調べる。 泥棒が家人を追い払う。 夫を妻に、妻を夫に引きつける。	錆色。 偉大なデエンドン、名高い魔術使いキルケが用いた。

15

		言葉の優雅さを与え、弁舌の才を与える。	
20. コラルス（corallus←koralion「サンゴ」←おそらくセム語系）	健康によい。	雷や台風や嵐を避ける。収穫が増える。悪魔の亡霊やテッサリアの怪物を撃退する。物事の炎な始まりと幸運な終わりをもたらす。	緋色。ゾロアスターや作家メトロドルスが証言している。
21. アラバンディナ（alabandina「鉄礬ザクロ石」）←ラテン語 Alabanda「小アジアの町」			輝くキイチゴ色。サルディウス石に匹敵する輝きをもつ。
22. コルネオルス（コルネリウス cornelius←cornum「ヤマボウシ・サンシュユなどの漿果」）	怒りを鎮める。出血を止める。		暗紅色。
23. カルブンクルス（carbunculus「紅玉」←ラテン語 carbo「炭、石炭」）			ギリシア語ではアントラクス。燃えさかる石炭のごとく、まぶしいほどの輝きは、暗闇でも消えない。12種類ある。
24. リグリウス（ligurius, lyngurion←lynx「ヤマネコ」＋urion「尿」）	腹痛を癒す。黄疸患者の元気を取り戻す。下痢を抑える。	葉を引きつける。	黄色っぽいコハク色。山猫の尿がかたまった石。テオフラストスが言及。
25. エキテス（echites←aetites「ワシの巣のなかに見出されるといわれた石」）	妊婦を早産や難産から守る。	節度をもたらす。富を増やす。愛をもたらす。勝利と賞賛を与える。落雷の破壊を防ぐ。殺意を暴く。	ユピテル神の鳥が地球の果からもってくる。妊婦のように別の小石を中に包みこんでいる。
26. シレニテス（silenites, selenites「月長石」←selēnē「月」）	衰弱した人や肺癆患者を助ける。	愛情を深める。	若草色。月のみちかけで力が変わるので、神聖な石と呼ばれる。
27. ガガトロメウス（gagatromeus）語源不明		敵を撃退する。	野生ヤギの毛の色。ヘラクレスも用いた。
28. ケラウニウス（cerauniu「雷電石？」←keraunos「雷電」）	快い眠りと愉快な夢をもたらす。	雷に撃たれない。暴風で船が沈まない。訴訟に勝つ。熱火を遠ざける。	2種類（薄い青色と赤色）ある。雷が落ちたところに見つかる。
29. エリオトロピア（eliotropia, heliotrope「血玉、髄」←helios「太陽」＋trope「向きを転ずること」）	寿命を長くし、支障のないよう保護する。血液の腐敗を抑える。毒を排除する。	大気を乱す。予言できるようになる。害を被らないようにする。透明人間になる。	太陽光線で赤く染まる。新たな日食をもたらす。
30. ゲラキテス（gerachites,	ハエの群れの中で無傷でいら	他人の考えを語ることができ	黒色。

16

hieracites←hierakites「タカの首の色をした石」←hierax「タカ」)	れる。	る。 女性をなびかせる。	

は「薄い青色に輝いており」(129行)、エメラルド（翠玉）は「その緑がこの世のどんな緑よりも美しく」(134行)、気橄欖石は「黄金のようにきらめいて、炎のように輝く。海の色にも似て何か緑のものを写したようでもある」(185～186行)し、緑柱石は「六角形にすると際だって美しく、濁っていない限り、その中に青色が宿っているのが見え、オリーブ油、泉の清水、海の色に似ているものは格別のものとされており」(193～195行)、トパーズ（黄玉）は2種あるうち、「その一方の色は、むしろ淡く澄んでいるとされる」(208～209行)。

さらに風信子石は3種類、「すなわち、ザクロ色（赤）とシトロン色（黄）と空色のものであり」(215行)、緑玉髄（クリソプラスス）は「ニラの液汁に似た色だが単色ではなく、深い紫の中に金色の斑点が光りを放っている」(236～247行)。紫水晶は「深紅色やスミレ色をしている」(251行)が、紅玉（カルブンクルス）のほうは「燃えさかる炭のように四方に光を放っている」(342行)。月長石（シレニテス）は「若草のような緑色でイアスピス（碧玉）に匹敵」(384行)、血玉髄（エリオトロピア）は、「これを水の入った容器の中に入れ、太陽の下に置くと、光を変化させ、太陽光線を血のように赤く染める」(421～422行)などなど。しかし宝石1～30番までの主な色彩への描写の数々は、果たして私どもに何を語りかけているのでしょうか。

ところで私どもをも含めて、取り巻くものも取り巻かれるものも色とりどりの自然また自然——中でも、上を見上げれば青い空、大地は緑の木々と草また草、大きな海は紺碧の水また水。さらに、私どもを養い育て健康を約束してくれているこの自然界に、その活力の根源となり休息への安らぎを与えてくれる緑色と青色のこの上なく美しい結晶体、そういうエキスとしての宝石の数々もあります。

また、そこにきらめく太陽の光。透明なその光りが永遠の黄金の色に、また紅色(くれないいろ)に……と照り輝き、私どもの目を楽しませ、視神経をとおして脳の情緒中枢に作用して、交感神経・副交感神経のより美しいリズムをつくり出してくれます。まさに自然との調和ある交感・共鳴・波動共振が、私どもの心身の健全と病気治療を約束してくれるのですが、18〜19世紀のゲーテの色彩論(ファルベンレーレ)以来、最近はとくにまた、医科学的にも内分泌腺と色の関係が研究され、精神神経免疫学的にも次代の心身一体医学を拓く分野として、色彩のオーラ研究がますます注目を集めてくるでしょう。

青色や緑色は「癒し」の象徴的オーラ

さてここで、簡単に色別(いろべつ)に要約させていただきますと、青色とか緑色は、古代から今に至るまで、「癒し」の象徴的なオーラを、神経をとおして私どもに与え続けてきたと思われます。

先ほども見ましたが、マルボドゥスの詩の中の代表的な宝石、例えばジャスパ(碧玉)やサファイアや玉髄(カルケドン)・翠玉(エメラルド)などは、「宝石医学論」とみずから銘打ったマルボドゥスの詩篇を飾る医学的効能(目の疲れを癒し、汚れを取り視力回復、その他の病気治癒)をもつ石の最右翼であることには間違いありません。

現に、最近のある医療グループでは、エメラルド色を通して患部に光りを当てる治療や、免疫系にとって重要な胸腺の緑への感応の治療実験もいろいろ試みている、と聞きます。

さらに、先の例にあったトパーズや風信子石やリグリウス(山猫尿石)などに見られる黄色(または黄金色)の特性は、現代では同感・交感体の点から見ると内分泌器官の重要な黄色の副

腎皮質に関連するともいわれます。

つまり、この皮質は生命維持にきわめて必要な器官であり、男性ホルモンその他の大切なホルモン分泌を行なうのですが、例えば、その色合いの観点から黄色を取りあげて見ると、この色は神秘的な夢を求めるとともに、また知的・革新的オーラを出すと考える向きがあります。

あえて私が黄色のオーラの人物をあげるとすれば、それは、現代のすぐれた理論物理学者で相対性理論の提唱者でもあるアインシュタインであります。彼の発するオーラ、それこそまさに黄色であり、知的想像力に富み神秘的でありながら、楽しいコミュニケーションを好む性格だと私は考えております。

紫水晶（アメジスト）は「宗教者の純朴な心」

では次は、赤・紅・紫の色彩についても簡単な説明をしておく必要があるでしょう。

さて、現代の色彩波動のオーラから見ますと、赤は情熱、革命・献身的殉教者的活動・生命力・怒りなどを表わし、紅・ピンクは愛や柔和、紫は瞑想力・宗教的霊力・忠誠を表わすと、すでに大体の図式は出来上がっているようです。

が、それぞれの配合によっても千差万別、従って一律の類別化・形式化は厳に慎まなければなりません（それに受容者との関係のこともあります）。

本来ならマルボドゥスの赤や紅や紫の宝石の色の描写を１つ１つ現代のパターンと比較し、古代〜中世のいろいろな場合に当てはめて分析したいところですが、ここは紫水晶（アメテュストゥス、アメジスト）１つだけの場合を見ておくことにしましょう。

マルボドゥスは、『石について』の紫水晶（16番目）の功徳・効能については、「酒に酔うのを防ぐ」(24行)とだけ書いていて、さきの紫色のオーラのもつ瞑想・宗教的霊力・忠誠にはいっさい触れていません。しかし、キリスト教司教だった彼は、エルサレムの聖き神の城の石垣の基礎石に当てられた12（イスラエル12部族の数）の宝石中心に、すでに3つの小篇を書いており、その12の1つとなった紫水晶は、「キリストとともに信仰に殉じた純朴な人たちの心」を表わしていると言っております。

　ここには紛れもなく、例の宗教的霊力・忠誠心がすでに述べられているのであります。だから「酒に酔わない」という説明は、異教的ギリシア語の単なる語源説明（一覧表参照）に過ぎず、紫水晶の色がワイン色と同類であることから両者のいわゆる同類感能とするか、それとも、気性をコントロールする瞑想力と同調させるか、いろいろな解釈が考えられると思います。

　ここで私は、ドイツやフランスやイタリアなどの国民の心性を1つにしてきた三色国旗（それぞれ、黒・赤・緑、赤・白・青、緑・白・赤）その他についても、色のオーラとの関連で説明すべきであると思うのですが、今はそれらを割愛し、次の課題である「動物名をもつ宝石」の功徳についての紹介に移りたいと思います。

動物の霊力を秘めた雄鶏石なども存在

　すでに中世キリスト教社会で、「キリストはライオンであり、ライオンはキリストである」というように、ライオンによって代表される動物たちの不思議な霊能力の数々が語り継がれ、詩篇にまとめられたり修道院の壁画を飾ったりしていますが、11〜12世紀（マルボドゥスと同時代）に書かれたというテオバルドゥ

スの『フィシオログス』(動物物語詩)が有名です。壁画としては、私がニューヨーク・マンハッタン島西北端(クロイスター)で見たもの(14〜15世紀)が、きわめて印象的なものでした。

　マルボドゥスの「宝石一覧」(その1)のなかで動物の霊力を内に秘めた石としては、3番の雄鶏石（おんどりいし）(アレクトリウス、74〜91行)を初めとして燕石（つばくろいし）(ケリドニウス、249〜359行)、山猫尿石(リグリウス、349〜359行)、鷲石(エキテス、360〜372行)、30番目の鷹石(ゲラキテス、441〜452行)とありますが、それぞれの医学的・神秘的な力の概要は一覧表に任せるとして、2〜3のものについてだけ少しコメントしておきたいと思います。

　まずは、雄鶏石に込められたオンドリの力ですが、この詩では「去勢された雄鶏」(74行)とありますが、必ずしも去勢の必要はなく、たまたまマルボルドゥスが典拠した文献から取ったもので、去勢に関係なくオンドリに自然から与えられた不思議な力が凝集した石と考えればよいと思うのですが(議論はいろいろ考えられますが、とにかく)ここに描写されている石をマルボドゥスが実際に見たことはなく、伝承によることは明白であります。

　しかも、これを伝えている1人であるプリニウスの『博物誌』第37巻・144にしても、プリニウス本人が実見したものではなく、明らかに伝聞と考えられます。しかも、プリニウスは、その動物篇にあたる『博物誌』(第8〜11巻)の第10巻・46〜49でオンドリが「鶏冠を雄々しく立てて誇り高く闊歩（かっぽ）し、勝利の歌を高らかに宣言し、みずから、王権をふるい、高貴なライオンまでがそのオンドリをおそれる。……」といった描写をしており、マルボドゥスのものと符合するところもいろいろ見られます。

　マルボドゥスより千年も古いプリニウスを引き合いに出し、

第2章　マルボドゥス『石について』(2)

その他のものとの比較をするとなると、まさに大仕事になりますが、このほうの研究は今後の研究に任せることにして、次は燕石（ケリドニウス）に少し触れておきたいと思います。

今日の尿療法を思わせる山猫尿石

　視力の衰えるかすみ眼の多かった古代〜中世に多く用いられた薬草の名、つまり千里を過つことなく目的地に疾走・到達するツバメの鋭い視力にあやかりたいものと、同じくツバメ（ケリドーン）にちなんで名付けられた眼薬の草〔ケリドニウム〕のことを、プリニウスはやはりすでに指摘しています（『博物誌』第25巻・86〜90）。

　が、同じく眼薬、つまりマルボドゥスによって「水に溶かして衰えた視力を治療する」(264行) とうたわれた燕石（ケリドニウス）は、同語源の薬草を遥かにしのぐ数々の霊力（一覧表参照）をもっているのであります。

　では次に、ちょっと奇異な下の落ちになるので恐縮ですが、決して無視することができない古くからの石、つまり「山猫の陰部からしたたる尿が石に変化した」(349〜359行) 石の霊力に話を移します。

　尿についても、同じくプリニウスが、ローマの大政治家で大農業家でもあったカトー（紀元前3〜前2世紀）の尿療法を引用しているのが印象的です。例えば、野菜の王者ともいうべきキャベツをよく食べる人の尿を保存し、温めて筋肉の薬にするとか、「小さい子供たちをこの尿で沐浴させると、決して虚弱体質にはならない」とかをプリニウスは大真面目に引用しているのです（『博物誌』第20巻・83）。

　質実剛健のカトー時代の大ローマ帝国が、二百数十年後のプ

リニウスの虚弱時代には、音を立てて瓦解・衰退していくのを、プリニウスは座視するに忍びなかったのでしょうが、とにかく尿に関してはわが日本でも、古代民間療法として王龍湯つまり尿を飲む療法があった（現在それをやっている人を私は知っています）と皆さんがお聞きになれば、確かに驚きでしょうが、マルボドゥスの山猫尿石に込められた霊験も、明らかに尿にまつわる非常に古い時代からの話題の1つでした。

　では、次章でマルボドゥスの宝石論は一応すべて終わりにしたいと思います。

第3章　マルボドゥス『石について』（３）

マルボドゥスの宝石一覧（その２）

　では、残り30種類の宝石を同じく表で紹介したいと思います（「マルボドゥスの宝石一覧（その２）」参照）。
　御覧のとおり、この内容も、これまで紹介したいくつかの代表的な宝石の効用とか霊力においては、共通するものばかりです。つまり、「石のオーラと気」といい、「植物のもつ力(パワー)より遥かに大きい宝石の力」といい、宝石がもつ「天の露と天来の像」、「医学的効用」といい、さらには「石の色彩のオーラ」、「動物の霊力を宿す宝石」といい、以上の点では全体としてそう変わったところはない、と私は言っているのであります。比較検討していただければ幸いです。

比べものにならない人工と天然の宝石

　「宝石の宇宙意思」と「宝石信仰とその歴史的概観」を述べる前に、マルボドゥスが60種類全部を語り終わった後の「指輪と宝石について」で、次のように言っていることに少しだけ触れておきたいと思います——「宝石をはめ込んだ指輪は、プロメテウスが用いたのが一番最初だといわれている。彼は、コーカサスの断崖にあった輝く石のかけらを鉄でくるみ、指にはめて持っていたと伝えられる。後の時代になると、もっと高価な金属をつなぎ、貴重な石をはめこみ、表面には人間の技(わざ)をほどこし、慣れない手を三重の栄誉で飾った。しかし人間のよこしまな心は、自然にはないものまでも産み出していく。すなわち、

マルボドゥスの宝石一覧（全60種類）その2（後半30種類）

(語源指示のない場合はすべてギリシア語起源)

石　名	医学的な力	神秘的な力	その他の特徴（色、種類）
31. エピスティテス（epistites=hephaestite←Hephaistos「(ギリシア神話)鍛冶の神ヘファイストス」）	きらめく光りで眼を痛める。	熱湯を冷やす。 作物を鳥、蠅、霧、雹から防ぐ。 嵐の害を避ける。 暴動を鎮める。 安全を守る。	炎のように赤く輝く。 心臓の場所で身につける。
32. エマティテス（emathites←haematites「ヘマタイト、赤鉄鉱←haima「血」」）	止血剤となる。 衰えた視力を治す。 潰瘍を癒す。 苦痛のある月経を抑える。 傷口を治す。 激しい下痢を抑える。 蛇の咬み傷を治す。 眼の痛みを癒す。 膀胱の石を溶かす。		赤色（ギリシア語の「血」から名付けられた）。
33. アベストゥス（abestus=asbestus←a「ない」+sbestos「消す」、つまり「消すことのできない（もの）、石綿」）			鋼鉄色 永遠の炎を燃やしつづける。
34. ペアニテス（ペアニア、peanites, peanita←Paian「ギリシアの医神パイアン」）	難産を助ける。		石が妊娠し、出産する。
35. サッダ（sadda=sagda「宝石の一種」）			ネギ色 海で生まれ、船底に付着する。
36. メドゥス（medus←Mēdia「メディアの国」）	死と健康を付与する。 視力障害や盲人の人を治す。 長患いの足痛風を癒す。 呼吸困難を回復させる。 腎臓炎を治す。	敵の目を見えなくする。 敵がこれを飲むと息ができなくなって死ぬ。	有益に働くときは白く、害を与えるときは黒い。
37. ゲラティア（gelatia←chalaza「雹」）			雹のような輝きの色。 いかなる攻撃にも負けない。 凍りついていて熱くすることができない。
38. エクサコンタリトゥス（exacontalitus「六十色石」←hexēkonta「60の」）			1つの石の中に60色が混在している。
39. ケロニテス（chelonites「亀石」←chelōnē「カメ」）		未来を予言できるようにする。	紫色、しかしいろいろな色に変わる。 インドの亀が運んでくる。 月の満ち欠けで力が変わる。
40. プラシウス（prasius←			緑色と血の色の斑点におおわ

第3章 マルボドゥス『石について』(3)

prasios「ニラの色、淡緑色」)			れたものと、3本の白い模様の入ったものとの3種類ある。
41. クリスタル (cristallus「水晶」←kryos「氷」)	乳房が乳で満たされる。		長い年月を経て固まった氷である。 太陽の下に置くと火を発する。
42. ガラクティダ (galactida「乳石」←gala「乳」)	乳がよく出るようになる。 出産が楽になる。 悪質な疥癬が避けられる 心が乱れる。		乳灰白色。 擦ると乳汁が出て、乳の香りがする。
43. オリテス (orites←oros「山」、鉱山石という意味から)	致命的な咬み傷を治す。 妊娠しないようにする。 堕胎作用がある。	野獣が追い払われ、無病息災でいられる。 逆境に抵抗する。	黒くて丸いもの、緑色で白い斑点をもったもの、鋸を打ったようにでこぼこのあるところが鉄片のように滑らかなもの、の3種類がある。
44. ヒエナ (hyena「ハイエナ石」←hyaina「ハイエナ」)		予言できるようになる。	ハイエナの眼から取り出される。
45. リパレア (liparea←Lipara「はっきりしない地名」)		野獣を導く。	
46. エニドロス (enidros「含水石」←en「中に」+hydōr「水」)			永遠に石の涙で濡れている。
47. イリス (iris「虹石」←īris「虹」)			光にきらきら輝くこの石は虹をつくる。
48. アンドロダンマ (androdanma←androdamas「男を飼いならす」)		激昂した友を鎮める。	銀の輝き。
49. オプタリウス (optallius←ophthalmia「眼病」)	眼から病気を除く。	盗賊の保護者になる。 携帯者の視力を守り、他者の視力を弱める。	
50. ウニオ (unio「真珠」←ラテン語 unus「1つの」)			純白とか黒。 海の貝から取れる。
51. パンテロス (pantheros「豹石」←panthēr「豹」)		あらゆる行動の勝利者となる。	あらゆる種類の色をもつ。
52. アプシクトゥス (absictus←apsyktos「冷やされない」)			黒色。赤い線が入っているものがある。 7日間、熱を保つ。
53. カルコファノス (calcofanus←chalkos「青銅」+phōnē「音」)	甘い声をもたらし、喉を守る。		黒い火成岩。
54. メロキテス (melochites←malachē「ゼニアオイ科の		幼子の世話をし、不吉を取り除く。	この植物の葉の色に似た緑色。

植物」)			
55. ゲゴリトゥス (gegolitus ←tecolitus←tēcō「溶かす」+ lithos「石」)	腎臓結石を溶かす。痛む膀胱結石を除去する。		オリーブの実に似ている。
56. ピリテス (pirites)「黄鉄鉱」←pyr「火」	きつく握ると火傷する。		「火」から名付けられた赤黄色の石。
57. ディアドコス (diadocos「身代石」←diadochos「何かの代理をするもの」)		幻影を強く呼び起こす。	青色。死者の近くで力を失う。
58. ディオニシア (dionisia←Dionysos「(ギリシア神話)酒神ディオニュソス」)	香りで酩酊を避ける。		黒地に赤い斑点をつけてきらめく。
59. クリセレクトゥルス (crisēlectus「黄コハク」←chrysos「黄金」+ēlectron「琥珀」)			金色に輝くコハク。燃焼する。
60. クリソパキオン (crisopacion←chrysos「黄金」+prason「ニラ」)			日の光りでは見えないが、夜は火の光りに輝く。

嫉妬深い人間の技は、自然を模倣するようになる。本物の宝石をそうした贋物(にせもの)から見分けることは至難の業である。が、……しかし本物の宝石があって、それが本当に神聖なものであるならば、疑わしい宝石とはまるでちがって、驚嘆すべき効果を伴うであろう。……」。

　プロメテウス（ギリシア神話上で、新しいオリュンポス神族よりも古い巨人族の一員）といえば、天上から神聖な火を盗み取り、あわれな穴蔵(あなぐら)生活をしていた人間たちに、火とさまざまな聖なるテクネー（技術）と文化を与え、そのためオリュンポスの主神ゼウスに罰せられ、コーカサスの断崖につながれたことで有名なあの巨人ですが、しかしその後は、ひ弱な人間のますますつのる欲望が、神聖なテクネーをまがいものの技術に変えていく呪(のろ)われた歴史の幕開けともなりました。

　現代のテクノロジー（科学技術）が今後、本来のテクノロジーへの道をたどるのか、それとも限りない邪悪な欲望の道をたどるのか、つまり汚染されていく天然・自然の生態系を弱体化し破壊し、安易で不自然な人工産物でもって、まずは何よりも地球をびっしりとおおいつくしてしまうのか、といったいろいろな問題に直面しますが、これはもちろん宝石・鉱物の問題にも関わってまいります。

　が、とにかく何につけ、私どもの心身に見事にフィット（調和）する良きパワーは、天然・自然のものと人工・不自然のものとでは、比べものにならない差があることを、私ども人間は謙虚に認めて反省し、方向転換していかなければならないと思います。

心の奥底で感受できる万物浸透の宇宙意思

　私どもの美しい地球が全宇宙の広大さから見れば全く小さな1つの塵に過ぎず、そこに住む私ども人間はさらにとるに足らない塵の塵、しかし、そのわれわれ1人ひとりを構成する何十兆個という微小細胞1つひとつを見ればまた、そこにも天空あり山あり川あり平野あり、さらに農村や都市や生産工場まである、といった宇宙万物の大小とりどりの生き動く不可思議な多様きわまりない世界。しかもこの現在の宇宙は、百数十億年前に、尖(とが)った針の先ほどのごく小さいものの大爆発（ビッグバン）によって生じ始め、瞬時に膨張していったといわれています。

　万有引力や電磁力などに代表される4つの力の充満するこのエネルギー体は、すべてが何らかの互いに反発・親和・共振し合う個別化と集団化、分裂・結合などの離合集散を繰り返しているわけですが、古代ギリシア人は、混沌としたカオス世界が秩序だった宇宙（コスモス、この言葉の本来の意味は「秩序」、鉱物の場合はさしずめ、きらめく「結晶構造体」）になったと考え、われわれをミクロコスモス（小宇宙）、天界を含む大きな世界をマクロコスモス（大宇宙）と呼びました。そのようにして聖なる天文学が、占星術が発達してまいりました。

　私どもの身体各部が、天体の7惑星（その当時は、われわれの地球を取り巻く月・水星・金星・太陽・火星・木星・土星）や黄道12宮（白羊宮・金牛宮・双子宮・巨蟹宮・獅子宮・乙女宮・天秤宮・天蠍宮・人馬宮・磨羯宮・宝瓶宮・双魚宮）などのどれかと親和・共振したり反発し合うとも考えられるようになりました。

　宝石・金属などの鉱物類も例外ではありません。またひとり、7惑星・黄道12宮に限らず、天界の霊気・気象など以前に取り

上げたものや、現代風にいえば宇宙線とか光りとか電磁気とか呼ばれるさまざまな宇宙要素が交錯して、すべてが心身一如的または2元的（あるいは3元的……）に作用し合っていると思われます。それらを、私どもは、心だ、霊魂だ、神だ、仏(ほとけ)だ、身体だ、物質だ、いやエネルギーだ、粒子だ、素粒子だ、などと、各々さまざまな現象をとらえては、そのように申しますが、これらの奥の奥のものは依然、永久に神秘なものとして、私どもの心を感動させ続けていくと思います。

　そういった宇宙のスピリット、すべてのものに何らかの形で浸透しているそういうものは、心や耳を澄ませば必ず心の奥底で神秘的に深く体験・感受できるものと思うのですが、そうした心の一体感を起こさせるものを、私は宇宙万物に浸透する宇宙意思と考えるわけであります。「意」という字は、形のうえでは「音(おと)」と「心」、音に重きをおけば「意見を言う」のように外的な発言となり、心に重きをおけば「意思・意志」のように何らか内的なものになってまいります。

21世紀医学は、精神神経免疫学が主流

　私は先に、宝石が内部に秘め外部に発する色彩のオーラに関して、精神神経免疫学という新時代（21世紀）の医学傾向に触れ、自然治癒力を高める内分泌系の問題に少し言及しました。私のように、古代ギリシア〜近代ルネサンス期といった時代変化の激しい歴史を中心に勉強していますと、時代時代の人間精神の退廃・衰退期には、免疫力のパワーの低下・弱体化の傾向がその社会全体を色濃くおおうためか、ペストなどの悪疫や梅毒（現代20世紀末は典型的な免疫不全の恐ろしいエイズ症候群）などの病気、その他の類似現象が、蔓延・拡大することがよく見ら

れると思います。

　そんなときこそ、私どもは自然治癒力の回復・高揚に大いに努めなければなりません。植物の中に宿る力はとても大きく、大いに役立つものですが、先にも申し上げたように、石の中に宿る力は、植物よりも遥かに大きい、というのが、本書の私どものテーマであり、これは今後、放射能を持った鉱石や同位元素や原子・素粒子その他による、いわゆる「高度な」病気治療法がいろいろ開発されて驚異となるでしょうが、遥かに驚異であるのは、最も素朴で地味で自然でクリーンであるはずのもの、つまり7不思議にちなむ7つの内分泌系と最も身近な心の問題にかかわるもので、今後はこれこそ、一番開発されていかねばならないものと思います。

　前の章にその名をあげた副腎・胸腺・さらに性腺・甲状腺・松果腺・下垂体、それに臍（へそ）周辺に散在する胃腸ホルモン細胞などの内分泌腺、それらと共振する宝石（その他、金属・7惑星・黄道12宮など）、何にもまして、それらの波動と共振する私ども自身の心が大切になってまいりましょう。

　どんなに素晴らしい食べ物であっても、それを受け入れる胃や腸の本来の自然な働きがなくては、何にもならないどころか害にさえなるように、私どもの心が、乱痴気な欲望によって不自然・不健全に満たされているようでは、いかに不吉なことを取り除いてくれる」はずのマラカイト（54番）の力をもってしても、その波動は汚染した心にフィット（調和）しないため、不協和音できしんでしまうでしょう。

　とにかく、健全（自然）で良いものを受け入れるためには、私ども自身の心は、できるかぎり清浄で柔和で自由で明るく純真であろうと努める敬虔さがなくてはなりません。心身相関医学研究者たちが丹念に調べたデータによっても、心のトラブル

とかストレスが原因で身体の器官が病気になるケースが、優に全病気の半数をかなり越えるとのことです。しかしこれらの事情は、次章のギリシア語「鉱物賛歌リティカ」で、かなり詳しく触れることにしたいと思います。

マルボルドゥスの、旧約・新約聖書の叙述

　宝石に寄せる人間の思いは、科学文明の進んだ今日(こんにち)においても、依然かわることはありません。石の中に宿る不思議な力は、巨石文化を発達させた古代エジプトやその他の国々においてはもちろんのこと、古代メソポタミア・ユダヤ・インド・ギリシア・ローマ・アラビアなどにおいても、いろいろな形で信仰され評価されてきました。大雑把に要約すれば、（１）神秘的・魔術的な信仰と、（２）知的・技術的な思考（おもに古代ギリシアの哲学者アリストテレスやテオフラストス）と、（３）旧約・新約時代のユダヤ・キリスト教的信仰思想の聖なる永遠的象徴とに見られるものなどに分類できると思います。

　先にも申しましたように、古代ギリシアのテクネー（技術）的フィロソフィア（哲学）的知的文化も、じつは初めは、非常に聖なる永遠的なものに貫(つらぬ)かれたものだったことを忘れてはなりません。

　さて本題のマルボドゥスの宝石信仰は（３）のユダヤ・キリスト教的信仰思想が中核となっていることは確かですが、また（１）や（２）の異教的な考えも広く受け入れられていると思います。これはまさに、近代ルネサンス期の考えに先行するものであり、そのためにこそ、中世後半のいわばベストセラー本(ぼん)にもなりました。

　マルボドゥスが、60種の宝石を謳った『石について』の詩の

33

ほかに、宝石について3つの小篇を書いたことは、すでに触れました。

旧約聖書の「出エジプト記」第28章に出てくる祭司長アロンの聖衣を飾る12個の宝石、これは神がモーゼに、その兄弟アロンとその子らのために、知恵ある者たちに聖衣を作らしめるよう命ぜよ、と申された宝石付きの聖衣のことです。この胸当てには、金色・青色・紫色・紅色の糸および麻のより糸をもって作り、玉をはめて4行にし、赤玉・黄玉・瑪瑙を第1行に、紅玉・青玉・金剛石は第2行、深紅玉・白瑪瑙・紫玉は第3行に、黄緑玉・葱珩・碧玉は第4行に、すべての金の縁をとってはめ込むようにせよ、というものです。

さらに新約聖書の「ヨハネ黙示録」第21章では、聖き神の城なるエルサレムの輝けることはいと貴き宝石のごとく、澄きとおること金剛石のごとく、と叙述があったあと、イスラエルの12部族の名にまことにふさわしく、東西南北にはそれぞれ3つの門をおき、城の石垣には12の基礎石をすえ、石垣そのものは金剛石で築き、城は清らかな瑪瑙のごとき純金で作った、とありますが、さて城の石垣の基礎石には、それぞれ12の宝石が当てられたことが述べてあります。

そして第1の基礎には碧玉、第2は青玉、第3は赤玉、第4は緑の玉、第5は紅の瑪瑙、第6は黄色の玉、第7はうすい黄色の玉、第8は水色の玉、第9は紅の玉、第10は翡翠、第11は深紅の玉、第12は紫の玉で飾る、というように日本の聖書には訳されております（しかしいくつかの異同は、ギリシア語聖書、ラテン語聖書、ユダヤ関係のもの、またイギリスの欽定聖書版などにも見られます）。

ちなみに念のために英語の欽定版で「黙示録」の第1～第12の宝石をあげてみますと（日本語と順序で少し合わないものが

あります。比較してみて下さい。またカッコ内はすべてラテン語で表記しました)、jasper (iaspis)〔ジャスパー〕, sapphire (sappirus)〔サファイア〕, chalcedony (caldedonius)〔カルセドウニ〕, emerald (smaragdus)〔エメラルド〕, sardonyx (sardonyx)〔サールドニクス〕, sard (sardius)〔サード〕, chrysolyte (chrysolitus)〔クリサライト〕, beryl (berillus)〔ベリル〕, topaz (topasius)〔トウパス〕, chrysoprase (chrysoprasus)〔クリソプレイズ〕, jacinth (iacinthus)〔ジェイシンス〕, amethyst (amethystus)〔アミシスト〕となり、それぞれには、悪魔がそれによって退けられるという信仰のシンボル、確たる希望をもって生活する純粋な人の心を示すもの、人知れずひそかに奉仕する篤(あつ)い信仰の人々の徳を示すもの、純粋で敬虔な全き信仰そのもののシンボル、卑劣(黒)・貞節(白)・殉教(赤)という3色のもの、十字架の神秘に密接に結び付いたもの、天性聡明な心の祈りの清澄とこのうえない心の安らぎの象徴、永遠の光りの中に瞑想的な生の確固として揺るぎなく務め励む心を示したもの、ある混じり合ったもののなかに美しい結合のあることを示す完全な慈愛の象徴、ものを見分ける力を賦与された天使の力を表わすものなど、という12の徳があるのだと称(たた)えられています。

　宝石信仰の歴史の項目はこの辺でいったん閉じますが、今後も錬金術的な鉱石の叙述も含めてすべて広くは石に関する歴史的概観になりますのでご了承ください。

　ちなみに次章は、時代が700年ほどもさかのぼる有名なギリシア語の『宝石賛歌』の解説になります。

第4章　『リティカ』の宝石信仰

ギリシアの宝石賛美書『リティカ』

　これまでは、マルボドゥスの『石について』(中世ラテン語詩、732行) を3章にわたって紹介させていただきましたが、ここからは古代ギリシアにさかのぼり、ギリシア語で書かれた宝石賛歌、つまり『リティカ』(石の本) と呼び慣わされている全774行の詩を2章にまとめて紹介したいと思います。

　マルボルドゥスのラテン語の詩は、旧約・新約のユダヤ・キリスト教信仰を基調にしたものでしたが、今回は古代ギリシアのオリュンポス神話時代を背景にして展開された宝石信仰物語といったものの紹介です。

　キリスト教信仰と異教ギリシアのオリュンポス神信仰とには大きな違いがあるとしても、両者による宝石信仰は、基本的には同じく、2つの信念で貫かれていることに気がつくはずであります。

　というのは、1つには、異教ギリシアの神話的な詩にも、例の中世キリスト司祭マルボドゥスのラテン語の詩句 (23行目) をそのままギリシア語にしたような μέγα μὲν σθένος ἔπλετο ῥίζης, ἀλλὰ λίθου πολὺ μεῖζον, つまり「植物には大いなる力があるが、石にはもっとずっと大きな力がある」(410行目) という言葉があるからです。

　さらにもう1つは、信心深い人々に関して述べられた言葉 (マルボドゥスの97行目、409行目など) に相当するギリシア語 Ἀλλ' ἐμέθεν στεῦμαι κειμήλια πειθομένοισιν, つまり「何が何でも私は約束しよう、信ずる者には私が宝 (宝石) を授けることを」

（82行目）という言葉があるからです。しかも、この2つの信念は、最も代表的である基本的な宝石賛歌の精神にほかならなかったのだと私は思います。

以上、両者に共通した2つの詩句（これらだけはギリシア文字をそのまま記載しましたが、以後は例によってローマナイズしたものを掲載いたします）を中心に、いわゆる『リティカ』という今回の主役である作品を、もう少し詳しく見ていくことにしたいと思います。

12世紀以後は、オルフェウスの名で愛読

さて、基本の精神においては、リティカの全宝石類とマルボドゥスのものとは、共通した2つの思想をもっているといっても、『リティカ』の一覧表をご覧になってもおわかりのように、それぞれ個々の宝石の効用ということになると、この一覧表の全28種類（ほかに詩文中に4種類の別の名が出ております）のうち、マルボドゥスと共通するものはおよそ半数に過ぎません。

しかもまた、医学的・神秘的な力という点でかなり類似したものは、2番のガラクティテス、13番のマグネティス、22番の珊瑚(さんご)など5～6種類に見られるだけで、これらは、両者に共通の伝承典拠があってのものか、それとも後代に書かれた『リティカ』の影響を受けたものか、それらの事情は、次章にあつかうプリニウス『博物誌』第37巻・宝石篇との関連のところで問題にすることにして、とにかく『リティカ』に特徴的なことは、蛇に関する叙述がかなり多いことがあげられます。

ヘビにまつわる話がもともとギリシア神話にかなり多いのも目をひく問題です。美青年であり知恵に恵まれ音楽にも秀でた富と幸福の神ヘルメス（『リティカ』にもヘビはよく出てまいり

ます。2、15、17、20、54、58、その他の行）も2匹のヘビの巻き付く黄金のヘビ杖（伝令者のシンボル。というのもヘルメスは天界から地下の冥界を自由に往き来して神々の意思を伝達する神でもありました）を所持していましたし、オリュンポス12神のなかの光り輝くアポロンという医術の神の息子アスクレピオスも1匹のヘビが巻き付く有名な医術のシンボルのヘビ杖をもっていました。

　一覧表に、その数は多くもないのに「医学（＝医術）の力」という項目をマルボドゥスの場合と同様にわざわざかかげたのは、『リティカ』が医術的な力も謳った詩篇であることを強調したかったからです。

　さて、以上のヘビや医術には次のことも密接に関係してまいります。じつはこの『リティカ』(石の本)には、いつの日からか（後述）、「オルフェウスの」(Orpheōs) という作者のタイトルが付き始めました。しかもそれが、中世末からは"Orpheōs peri lithōn"（オルフェウスの石について）という写本題名で広く読まれるようになったのです。

　オルフェウス（医術の神アポロンの子という説もあります）といえば、あの古代ギリシアきっての音楽の名匠、彼の竪琴の歌には岩も石も草木も鳥獣も聞きほれるという名手だったことをご存じのかたも多いと思います。

　さらにまた、最愛の妻エウリディケがヘビに咬まれて死んだとき、彼は悲しみのあまり冥府(ハデス)まで降りて行き、その妙なる音楽で冥府の王たちみんなの心を魅了して、妻を地上に連れ戻すことを許されたが、その帰りの道は妻のほうを絶対に振り向かないという約束だったのに、地上に出る寸前この約束を破ったため、オルフェウスの願いはついにかなえられなかった、というあの有名な話の持ち主であります。

『リティカ』の宝石一覧 (全28種類)

(右肩の * はすで語源説明済みであることのしるし)

石　名	医学的な力	神秘的な力	その他の特徴
1. 水晶　172〜190行.　Plin. XXXVII-23〜28.　Marb. XLI (550〜561行)			
水晶* (クリスタロス、クリスタル)	この石を腎臓病のあたりに付けると病人を救う。	太陽の流出物。不死なる神々の不滅の心をうつす。この石をもつ人の祈りが通ずる。	水のように透明な輝く水晶。
2. ガラクティス　191〜229行.　Plin. XXXVII-162.　Marb. XLII (562〜578行)			
乳石* (ガラクティス)別名：アナクティス		甘い蜜酒に溶かしたこの石は若妻や雌山羊の乳房を乳で満たす。祈る者に加護を与える。慈悲深くする。痛ましい禍を忘れさせる。	すり潰すと乳白色の液が流れ出る。
3. エウペタロス　230〜231行.　Plin. XXXVII-161.　Marb. 欠			
エウペタロス (eupetalos←eu「美しい」+petalon「葉」)		この石をもつ者は百頭の牛を犠牲にして神に祈らなければならない。	4色 (青・緑・赤・朱)。
4. 木のアカテス　232〜243行.　Plin. XXXVII-139.　Marb. II (64〜66)			
木のアカテス*		神々の心を喜びで満たす。実りを豊かにする。	木槿様の石 (花が咲き、木々は葉を茂らせる)。
5. 鹿角石　244〜259行.　Plin. 欠　Marb. 欠			
鹿角石 (keras elaphou←keras「角」、elaphos「鹿」)		養毛の不思議な力 (オリーブ油に入れてすり潰し、毎日こめかみに塗る)。永遠に一心同体の愛の歓びを与える。	鹿角の色。
6. ザミランピス　260〜266行.　Plin. XXXVII-185.　Marb. 欠			
ザミランピス (zamilampisはエウフラテス河で産する語源未詳の宝石)		ブドウ畑を実のつけた枝でおおわれるようにし、ブドウ酒用の液汁をふんだんに搾り取ることができる。	この石の中央部が灰緑色。
7. イアスピス　267〜270行.　Plin. XXXVII-115.　Marb. IV (92〜102行)			
イアスピス*		神々は乾いた畑に大雨を恵んでくれる。	春の緑色。
8. リュクニス　271〜279行.　Plin. XXXVII-103〜104.　Marb. 欠			
リュクニス (lychnis←lychnos「ランプ」)		畑にふりかかる災いを取り除く。火の中では水のごとく冷たく、冷たい灰の中では、青銅の中の水を沸騰させる。	
9. トパゾス　280〜281行.　Plin. XXXVII-107〜109.　Marb. XIII (205〜213行)			
トパゾス*		犠牲を捧げる人々のうちで不思議な力がある。	ガラスのように透明。
10. オパリオス　282〜284行.　Plin. XXXVII-80〜84.　Marb. XLIX (622〜626行)			
オパリオス (opallios←サンスクリット語 upalas「宝石」)	眼の癒しとなる。	女神たちを喜ばせる。	子供のような優美な肌目をもつ。
11. オプシアノス　285〜291行.　Plin. XXXVI-196〜198. XXXVII-177.　Marb. 欠			
オプシアノス (黒曜石)(opsianos←Obsius (この石の発見者))		松脂に、この石とその他に2つのものを混ぜて、火の上にまくと、不死なる神々は未来の良いこと悪いことを予言する力を与える。	黒色。

40

第4章　『リティカ』の宝石信仰

12. **クリュソトリクス**　292〜305行．Plin. 欠　Marb. 欠			
クリュソトリクス（chrysotrix←chrȳsos「金」+trix「髪」、太陽の光線が示す「黄金の髪」）		永遠の生命をもつ太陽神は、この石に大いなる息を吹き込んだ。この石をもつ人間を、栄光あるものに、威厳のあるものに（英雄）にする。	太陽神ヘリオスの黄金の髪をもつが水晶や童玉（クリュソリトス）に似て透明。
13. **マグネティス**　306〜333行．Plin. XXXVI-126〜130．Marb. XIX（284〜311行）			
マグネティス*		いかに好戦的であるものも狡猾であるものも、この石は魔法にかける。妻の貞操を試す。争いの激情を避けさせ集会の人々を甘美な声で魅了する。どんな神々の心も引きつけ、即座に望みをかなえてくれる。	
14. **オフィエティス**　341〜343行．Plin. XXXVI-126〜130．Marb. 欠			
オフィエティス（=オフィティス、ophietis=ophites←optis「ヘビ」）	細かく砕いて、ヘビの力強い牙に咬まれた傷口に塗ると癒しとなる。		
15. **オストリテス**　344〜345行．Plin. XXXVII-177．Marb. 欠			
オストリテス（ostrites←ostreon「牡蠣」）	生のブドウ酒に入れてすり潰したものを飲むと苦痛を鎮める。		
16. **エキテス**　346〜356行．Plin. XXXVII-187．Marb. XXV（360〜382行）			
エキテス*	毒蛇に咬まれた9年間の古傷をマカオンのこの石で使った医術で癒した。		
17. **シデリティス**　357〜397行．Plin. XXXVII-58, 176, 182．Marb. XLIII（579〜590行）			
シデリティス（=オレイテス、オリテス*）（siderites, sideritis←sideros「鉄」、オリテス、マグネティス、アダマスの一種と同一視される）	恐ろしい水蛇の毒を消し去る。	神託を聴くことができる恐るべき石の力。どんな恐ろしい蛇にも気にせず立ち向かう。傷を負った男たちには治癒をもたらし、石女の女たちには子宝を与える、など。	黒い色で緻密。
18. **オフィテス**　461〜473行．Plin. XXXVI-56〜56．Marb. 欠			
オフィテス（ophites←ophis「ヘビ」）	蛇に対する薬。視力を回復させる。重い頭痛も癒す。耳の遠い人も清め癒す。この石の火の中の匂いに蛇たちは逃げ出す。	昔の愛情をよみがえらせる。	
19. **ガガテス**　474〜493行．Plin. XXXVI-141〜142．Marb. XVIII（268〜283行）			
ガガテス*	多くの病を免れさせる。	この石の発散する刺すような匂いが蛇やいろんな生物を退散させ、沢山の奇蹟を起こす。	表面は黒で滑らか。
20. **スコルピオス**　494〜497行．Plin. XXXVII-183．Marb. 欠			
スコルピオス（scorpios←scorpion「サソリ」）	サソリに咬まれて手足に激しい痛みを受けているときに、この石はこれを癒		

41

	す。		
21. コルセエイス 498〜509行. Plin. XXXVII-153. Marb. 欠			
コルセエイス (corseeis←corse「こめかみ、髪」)＝コリュフォデス (coryphodes←coryphe「頭」)	酸っぱいブドウ酒に混ぜてすり潰すと、コブラの毒を止める。バラ油と混ぜると喉の痛みの手当となる。甘い蜜蜂と混ぜると腹部から海を除く。本来ならこの膿はソケ鼠径部に腫物をつくるもの。	ニンニクと混ぜるとサソリは退散する。	人間の毛髪と似ている。
22. 珊瑚 510〜609行. Plin. XXXII-21〜24. Marb. XX (312〜329行)			
珊瑚*（クラリオン）	ブドウ酒とともに珊瑚の粉を飲むと、危険な蛇の毒を散らしてくれる。	途方もないいろいろな力がある。これを身につける人の心には快い楽しみがやってくる。残酷な戦いに赴く種族を守ってくれる。長寿を約束し、呪縛を説き、これを砕いてまくと、畑からあらゆる災害や汚れを遠ざけてくれる。	はじめは緑色の植物、枯れると血の赤い色。
23. アカテス 610〜641行. Plin. XXXVII-139-142. Marb. II (50〜73行)			
アカテス*	病気で衰弱した人を救う力をもっている。熱病を治す。サソリに咬まれた傷にこの石をあてるとよい。	願ったことはすべて手にはいる。	多色の石（イアスピス、サルディア、スマラグドなど）。内部は赤く染まっている。しかし赤いなかでも水晶石や青や紅の色をちりばめる。斑点（火色、白、黒、緑色）のものもある。
24. ハイマトエイス 642〜690行. Plin. XXXVI-122, 144〜149. Marb. XXXII (467〜486行)			
ハイマトエイス*	天（ウラノス）の流出物（精液）であるこの血石は砕いて白い乳とともに飲んだり、甘い蜜を混ぜて溶かすならば、眼のあらゆる病気を取り除いてくれる。毒蛇に対しても有効。	この石は勝利をもたらす。	血の色。
25. リパライオス 691〜747行. Plin. XXXVII-172. Marb. XLV (596〜601行)			
リパライオス*		この石を温めて出る甘い香りは蛇をおびき寄せる。切り刻んだ蛇をブドウ酒その他を入れて食べると、いろいろな予言力が付与される。未来に起こるであろうことを知ることができる。鳥や四足獣の言葉も知ることができる。	
26. ネブリテス 748〜765行. Plin. XXXVII-175. Marb. 欠			
ネブリテス (nebrites←nebris「子鹿の皮」、バッコス、つまり豊穣の神・酒神デ	蛇による傷の痛みを鎮める。	これを手にして、犠牲を捧げれば、いろいろな願いごとをかなえてくれる。妻に夫への欲情を駆り立てる。	

ィオニュソスがこの皮をつけていた）＝ネウチテス（neurites←neuron「神経・腱」、腱の痛みをとることから）			
27. プラシティス 755～757行．Plin. XXXVII-113．Marb. XL（545～549行）			
プラシティス*	毒蛇に対して効力がある。		緑の葱の色。
28. カラジオス 758～761行．Plin. XXXVII-189. Marb. XXXVII（524～527行）			
カラジオス*（chalazios←chalaza「雹」）	火のような熱病も冷やしてくれる。サソリの毒を除く。	聖なる最高のもの	

他に、文中のそれぞれの項目中にみえる宝石：

　　レピドトス（lepidotos←lepis「うろこ」）291行．Plin. XXXVII-171/ Marb. 欠

　　クリュソリトス* 298, 360行．Plin. XXXVII-126．Marb. XI（185～192行）

　　サルディア*（紅玉髄）614行．Plin. XXXVII-105～106．Marb. X（179～184行）

　　スマラグドゥス 614行．Plin. XXXVII-64, 124, 162．Marb. VII（134～160行）

ここにもまたヘビが登場しています。が何はともあれ、それまで作者不明のままに読まれてきた『リティカ』にオルフェウスの名を冠したのは、12世紀ビザンチン帝国の有力な学者ツェツェスの勝手な仕業(しわざ)である、とはよくいわれることですが、それらのいきさつについては、次章のプリニウス(紀元1世紀ローマの博物誌家)の『博物誌』第37巻・宝石篇紹介の折りに触れることをご了承ください。

では次は、実際の詩文を少し引用しながら、内容を紹介していきたいと思います。

善良な心の持ち主だけに下賜される宝石

まず『リティカ』冒頭の次の詩文(ホメロス叙事詩と同じ六脚韻(ヘクサメータ))を和訳の形で読んでみましょう(／印(じるし)は詩の行(ぎょう)かえ)——
「災(わざわ)い遠去(とおざ)く神ゼウスの賜物(たまもの)を人間たちに授けるようにと命ぜられ／マイアの息子である恵みの神(ヘルメス。主神ゼウスとマイアの間に生まれた息子)がその賜物を持ってやってきた。／さまざまな辛苦に対し、われわれ(人間)が正しい加護を得られるようにと考えて。／死すべき者たち(人間)よ、喜んで受け取るがよい——私は賢い人たちにこそ語ろうと思う。／善良な心をもって神々の命に従う者たちこそ——。／愚かな者には完全なる加護を手にすることなど決してできはしないのだ。／その同じ賜物の力でかつて名誉を手にした者たちを、／すなわち、レトの息子(アポロン)は、人間の癒し手である自分の息子(アスクレピオス)を、／雪をいただくオリュンポスの、神々のもとへと連れてきた。また賢いパラス・アテネ(主神ゼウスの娘。守護の女神)は／士気を高めるヘラクレス(ギリシアきっての大英雄)を連れてきた。／クロノス(主神ゼウスの父)の息子ケ

イロン（音楽・医術・予言などに秀でる）も、不死なる賜物を知るや否や、／アイテール（天空）を飛び越えてオリュンポスへと駆け入ってきた。／すると、ゼウスの申し分なき立派な神殿は、／神より生まれし者のうち、とりわけ高貴なその者たちを迎え入れた。／われわれ死すべき人間は、黄金の杖もつ神（ヘルメス）が促すように、／大地の上で幸せに満ち足りて暮らし、不幸を知ってはならないのである。／ヘルメスは、人間たちの中の賢い心に対して、／わがすばらしき洞窟の中へ入るようにと命じた。／そこには、あらゆる種類のすばらしいものがたくさん置かれていた。／ヘルメスは命じた――すぐに両手にたくさんのご利益（宝石）を持って、／涙に満ちた苦難を避け、家に帰るようにと。／するとその人は、力弱らせる病気に家で打ち負かされることもなく、／（外では）敵意ある者の恐るべき暴力に怯えることもなく、」（1行〜23行目）とオルフェウスなる人は語るのですが、しかし一般の人々にはどうかというと、彼はさらに次のように語りかけます――「とはいえ、死すべき人間たちには節制を心がけようとする思いさえ全くない。／そして突然、輝かしい知恵よ、あなたをさげすむようにさえなる。／英雄の母親たる美徳に耳を貸すこともなく、／いちもくさんに逃げていく。労苦は救い主であるのに、／人生の助けとなる労苦をひどく忌み嫌う。／彼らの家の中では、至福が支配者となって彼らと交わることもなく、／誰も不死なる神々と話をする術を知らない。／彼らは良き知恵を町や村から追い出してしまった。／ああ、あわれな者たちよ、ヘルメスに不敬をはたらきながら。かくて昔の半神たち（英雄たち）が骨折ってした仕事が無に帰してしまった」(61〜70行目）と。

　さらにまた、「神の知恵欠く人間どもは、獣に似て無知で無学。／人を滅ぼす禍から、／神の助けによって逃れることも

なく、／じつに驚嘆すべき神のみ業(わざ)をも知りはせぬ。／それどころか、彼の心には暗雲がまといつき、／栄冠に満ちた徳の／花咲く牧場へ行くことを拒む。／しかし私は約束しよう、信ずる者には私から宝を授けることを。／山のような黄金よりも、はるかにすばらしい宝を。／私が探しているのは心強き人、／何事にも熱心に取り組み、労苦をいとわぬ人、／学ぶ人、知識を探究する人。／なぜなら、労苦を惜しまぬならば、クロノスの息子である千里を見通す眼の神（主神ゼウス）は、／言葉にも業(わざ)にも、必ずや大いなる力を授けるのだから」(75～88行目)

というように、それぞれに味わうべき言葉が延々と774行まで続いていきます。

信仰も知恵も持たぬ愚かな人間への箴言

しかし、全詩篇の構成は、こういう宝石信仰の精神的な叙述を、古代ギリシア神話のホメロス叙事詩（とくに『イリアス』）の形式にのっとりながら、かつてのトロイア戦争時代（紀元前千数百年）の不死なるオリュンポス神たちと、その不死なる神々に交わる賢明で勇敢な英雄たちと、進行も知恵も真の労苦も知らぬ愚かな人間たちを舞台にあげ、もともとホメロスにはなかった宝石賛歌を続々と繰り広げていくのです。

さて、太陽神ヘリオスに捧げるための犠牲(いけにえ)の子羊を連れて道を急いでいたオルフェウスが、たまたま町へやってきた大変思慮深いテイオダマス（トロイア王プリアモスの息子）に出逢い、いっしょに太陽神をまつる祭壇のある丘へとのぼって行くくだりがあります。

そのときオルフェウスは、幼いとき、すばやい２羽のヤマウズラを追いかけて、たまたま太陽神の丘へ登っていったとき、

第4章　『リティカ』の宝石信仰

恐ろしいヘビに襲われ、九死に一生をその祭壇のそばで得たことがあり、そのときの太陽神への感謝をこめて、毎年、春ごとに犠牲を捧げにこの丘へ登ってくるのだ、と事の次第を話すのですが、それに対し、テイオダマスのほうは次のように答えて、具体的な宝石の賛美へと彼を引き入れていきます——「本当に、われわれに光りを授けるヘリオスは、いつでもあなたを、／痛ましい禍から連れ出して、涙を知らぬ至福の／大いなる賜物へと導いてくださる。神ご自身の慈悲深さゆえに。／でも私は、あなたにお返しをせずにすまそうなどとは決して思わない。／それどころか、あなたは犠牲を捧げて山にのぼるところなのだから。／あなたの祈りを神が聞き入れてくださるように、お返しをしよう。／日の光りのように輝き水のように透明なこの水晶を手に取りなさい。／火の光りを放つ不死なる太陽の流出物であるこの石を。／不死なる神々の偉大な不滅の心は火を喜ぶ。／もしあなたが神殿にこの石を持って行くなら、／至福なる神々の誰もが、あなたの祈りを拒むことはないだろう。／聞きなさい、この無色の石の力を学ぶために」(166〜177行目)と語りかけます。

　こうして1番目の水晶から28番目のカラジオス（雹石(ひょうせき)）までの宝石を語り終わったところで（172〜761行目）、延々とテイオダマスは、かつてヘビに咬(か)まれてその毒に悩まされたことのあるギリシア方の英雄ピロクテテス（小アジア西北端にあるトロイア政略のためにギリシア本土から艦隊を率いて攻撃に参加した）を引き合いに出しながら、つまり「ポイアスの息子の英雄（ピロクテテス）よ、これらすべての不思議なことは、／レトの息子（アポロン。神託地デルフォイの神でもある）が、熱心に私に語ることを命じた彼の神託なのだ。／私の姉の賢いカッサンドラに対しては、銀の弓持つ神（アポロン）が、／そ

れを聞くトロイア人たちには、信じられないような／真実を予言することを命じたのである。／しかも私は、かつて固い誓いをした──／人々に偽(いつわ)りの話は決して語らないと。／そして今も、私があなたに語ったことは、どれも全く本当なのだから、／遠矢射るお方（アポロン）よ、この物語をよしとしてください」（762〜770行目）と語り終え、最後は、オルフェウスが詩を次のように結びます──「プリアモスの息子でゼウスに愛された友（テイオダマス）は、そのように語った。／恐れを知らぬヘラクレスの仲間（私）に敬意を表して。／私たち二人は、草の繁った山の頂きに行くところ。これらの物語は、嶮しい道のりをすっかり楽なものにしてくれた」（771〜774行目）と。

万物との同質的共振が私のめざすもの

　以上の物語にしばしば登場するヘビに関しては、私自身もいろいろな体験がありましたが、今だに生々しいのは、もう40年ほども前のインドでのヨガ修行のときの体験です。夕方近くになると決まって激しい夕立のあるころでした。そんなときは、また決まって、水たまりにヘビがニョロニョロと出てまいります。

　私のいたのはボンベイからデカン高原を汽車で1時間ほどもあがっていったロナウラという標高700メートルほどの小さな町でした。ヨガ研究所の裏山に、どうしたわけかちょくちょく散歩したことがありました。ラメーシュというインドのヨギ（ヨガ修行者）と一緒に。工科大学を出たての彼と不思議に仲良くなって、よく行動をともにしたことがありました。彼はいつも裸足（私もちょっと変わっていましたので、いつも裸足になりたかったのですが）、さあ、これから道なき道の草むらを見晴らしのよい裏山へ散歩しよう、ということになると、私はきまっ

て、裸足どころか、とくに重装備で足の部分をかためたものです。もちろん毒蛇に咬まれないようにと用心したからです。おっかなびっくりの私に、裸足のラメーシュ君は決まって言ったものです——「自分を信じ、ヘビを信じて歩きたまえ。そうすればヘビが咬みつくことはないのだから」と。

　万物の深く心を通わせるおおらかな気持ちのない40歳にもなる自分を20数歳の彼と比較して、「汝、信仰なき者よ」とよく猛省したものでした。腕相撲をすれば私のほうが力が強いのに、腕と足と腹筋をよく使うヨガの離れ業に至っては、遠く彼には及ばないアンバランスな私の体。身も心も、まことにバランスの取れない40まで生きた自分の不甲斐なさをしきりに感じながら、しかも裸足の哲学者ソクラテスの従容(しょうよう)とした死に感動して古代ギリシア哲学に身を投じた当事者であるのに、と自分をよく恥じたものでした。

　今の私は、少しは修行したはずですが、万物と深く心を通わせようと、より深い汎神論(はんしんろん)的な宇宙意思というものを信じて、方々(ほうぼう)をさすらう身となったわけであります。鉱物・植物・動物の区別なく、奥の奥ですべてを動かすものを体験学習しようと考えて。そのためには、精神・物質といった知的分別的な判断力に片寄らず、自然の根の根に没入していくことこそが、精神の深層構造の感知とか体得に深くかかわれるものと思い、哲学・宗教・科学それぞれの現象領域を根源的には必ず一体化できるものと信じて、従来の、ともすれば上層的・権力支配的になりがちな形而上的階層構造を主要なものとせず、かえって形而下のもの（動物・植物など）を、単に平板的・平等同質的・万有物質論的にとらえず、深く生き動く共振・連動・波動的で汎神論的な万有共同体としてとらえ、その心を基軸にした精神・物質一如の源泉が、どのように個別化されてゆくのかを探究したいと考

えるようになりました。引力（愛もその１つ）と斥力（憎しみはその１つ）も、そうした源泉への内的な力（求心力）と個別化への外的な力（遠心力）として把握したいと思うようになり、私は自己体験しつつあるわけであります。

　表現がかなり難しそうになって恐縮ですが、要はオルフェウスの『リティカ』にも謳われていますように、「鳥たちがさえずりながら話すこと、４つ足の野獣たちが／互いにほえながら話すことすべてを、私は知ることができる」(746〜747行目)ような、すべてとの共同体的意識になることが、精神の深層への掘り下げの大切な１つの道程になると申し上げているのです。

　この一助をある宝石が仲立ちしてくれることを、私の大切な研究者の一人である博物誌家プリニウスが「それはまやかしだ」と一笑に付したとしても、私はそのプリニウスの言葉に従わない、と言っているのであります。

　何はともあれ、さきに私どもは、マルボドゥスをとおして、キリスト教信仰による宝石賛美を見てまいりました。しかし次章に考察するプリニウス（紀元１世紀のローマ人）『博物誌』第37巻・宝石論には、『リティカ』的宝石信仰の馬鹿げたまやかしぶりを口をきわめて非難する箇所が多く見られることも事実です。

　が、そういうプリニウスの精神構造がどんなところからくるのか、などをも考察することによって、深い精神構造（同じく現象的には、物質構造といっても言い過ぎではないでしょう）のいろいろな広がりや断層も、だんだん多方面に理解できるようになるのではないかと期待して、次の章に行きましょう。

第5章　『リティカ』とプリニウス

ローマの大博物学者プリニウスとの関連

　すべての道はローマに通じ、またそこから再び出ていく、とまでいわれてきた古代の大ローマ帝国。そしてまた、このローマ文化の膨大な宝庫を見はるかせる集大成としてのプリニウス『博物誌』全37巻（紀元1世紀の作品）。このどこかにやはり、後世のオルフェウス宝石讃歌（後述するように紀元4世紀の作品と思われます）の道も何らか必ず通じているに違いない、と考えて実際にたどっていくと、これまで推測でしかなかったいろいろの鍵穴が、プリニウスの記述の中に、いくつか確かにかなりはっきりと見出せるのであります。

　まず最重要な問題を解く鍵は、いわゆるオルフェウス『リティカ』（石の本）の次の詩句の中にあると思われます。つまり、──「彼ら（迫害者たち）は良き知恵を町や村から追い出してしまった──／ああ、あわれな者たちよ──ヘルメスに不敬をはたらきながら。／昔の半神たちが骨折ってした仕事が無に帰してしまった。／ヘルメスは今やあらゆる人にとって、やっかいで憎むべき者となった。／そこで人々は彼にマゴスというあだ名をつけた。／それゆえ、かの神のごとき人間は、剣で首をはねられ、／みじめな死に方をして、土の中に横たわっている。／神の知恵欠く人間どもは、獣に似て無知で無学」（『リティカ』68〜75行）。

　鍵はここの「マゴス」という言葉にあります。マゴス（magos）は本来、古代ペルシャの聖職者（祭司）階級に属する人であり、新約聖書（次の引用文はマタイ伝2─1）にも出てくるあの東方の賢者（つまり、「それイエスは……ユダヤのベツレヘムに

生まれ給いしが、そのとき博士たち東の方よりエルサレムに来たりて、言いけるは、ユダヤ人の王として生まれ給える者は、いずこにいますや、われら東の方にてその星を見たれば、彼を拝せんために来たれり」とあるその「博士(ひと)」と同じ)でした。

が、このマゴス(ギリシア語のmagos→ラテン語magus「複数でmagi、つまりマギ僧たち」→英語magus)というのは、magician(魔術師、奇術師、ペテン師)の語源にもなっているように、これには良い意味と悪い意味があり、古代ローマではすでに、とくにプリニウスの全記述の随所(80回ほど)に出てくる「マギ僧たち」の欺瞞・虚偽など、手厳しい虚言者呼ばわりが絶えませんでした。プリニウス自身が口をきわめて「マギ僧たちの忌まわしい欺瞞」を攻撃する急先鋒になっていた感があります。ある宝石を持ったり、それを焼いて煙を出すことによって、それぞれ眼や肝臓の病気を治したり、訴訟や裁きを左右したり、はたまた台風や竜巻をそらし川の流れを止めるなどの離れ業(わざ)をすることができると、まことしやかに言うマギ僧たちの欺瞞の数々を暴くことをプリニウスは宣言しているのです(その一部を『リティカ』と『プリニウス・博物誌』の比較対象表にも掲載しておきました)。

プリニウスが、その著書『博物誌』を執筆している様子(フィレンツェ ラウレンツィアーナ蔵書 Plut. 82.2 写本の冒頭より)。

とにかく、マギ僧たちの中には、信仰篤き知恵深い賢者もおれば、虚偽をもてあそぶいかさま師もいたことは、その当時と以後に出現する錬金術師たちにも当てはまるものがありますが、プリニウス以後ますますつのる帝国衰退と社会不安と懐疑主義などの嵐の中で、悪しき魔術師たちの横行もその度を増してきた４世紀に、魔術師・奇術師・錬金術師狩り（迫害）が東方にまで広く行なわれた史実を見逃すことはできません。現に、ローマ帝国のウァレンス帝（在位362〜378年）のとき、マギ僧の迫害が大々的に仕掛けられ、魔術は根絶の危機にあったということですが、このときユリアヌス帝の師であり、当代のすぐれた知者（新プラトン派の哲学者）だったマクシムスも処刑されました（372年のことです）。

　そしてまさに、このマクシムスの処刑のことを織り込んだ詩句が、先述の『リティカ』72〜74行に謳われたもの、つまり、「そこで人々はマゴスというあだ名をつけた。／それゆえ、かの神のごとき人間は、剣で首をはねられ、／みじめな死に方をして土の中に横たわっている」のであり、この詩句はとりもなおさず、その当人への追悼でもあったとも考えられるわけです。

　『リティカ』制作の年代が紀元４世紀後半（370年代から400年）であるという推測も、以上のことから成り立つわけであります。全詩篇は、紀元前千数百年前のトロイア戦争時代、つまりギリシアきっての英雄たちが大いに活躍した時代に題材がとられてはいますが、史実に明らかなトロイア戦争（紀元前千数百年）といい、紀元後４世紀後半の迫害事件といい、当『リティカ』の舞台はこういう長期間にわたる史実を織り込んだアナクロニズム的大スペクタクルといえるものでありましょう。

　では、そこに登場するオルフェウスなり魔術（とくにその起源）なりを、プリニウス自身はどうとらえているのでしょうか。

石の効能書き比較表──オルフェウスの『リティカ』とプリニウス『博物誌』より

石の名	『リティカ』	『博物誌』
1. 水晶	172～190行 ・火の光を放つ不死なる太陽の流出物。神聖な火を起こすことができる。・神々はこれで起こした火を喜ぶ。・火から出すと、すぐに冷たくなる。・腎臓に効く。	37巻23～29 ・過度に強く凍結した一種の氷であり、ギリシア名の由来となっている。水分が純粋な雪となって空から降ってきてできたもの。・無色透明（他の石の引合によく出される）。・火に耐えられないので、冷たい飲み物の容器ぐらいにしか使えない。・医師の間では、水晶球で太陽の光を集めて焼灼するのが一番有効な方法といわれている。
2. ガラクティス	191～229行 ・祈る者に加護を与える石。・別名アナクティテス（至福の神々の心を和らげるから）。・別名「忘却の石」（痛ましい禍を思い出さないようにし、やさしいことを考えるように仕向ける）。・ガラクティス（すり潰すと白い乳と同じ液が流れ出る）。・母山羊や若妻の乳の出がよくなる。・子供の首にかけると、禍をもたらすメガイラのまなざしを防ぐ。・秀でた王たちがもつと、人々に畏敬の念をもたれ、また神々が祈りを聞いてくれる。	37巻162 ・（アナクティテスという名は登場しない）。cf. アナンキテス（アダマスの別名、36巻61）。・口に入れておくと溶けて、記憶喪失を引き起こすという話である。・指でこすると乳の汚れと匂いを出す。・乳が十分出るようにしてくれる事実から、注目に値する石である。・護符として嬰児の頭に結びつけておくと、唾液が十分出るという話である。・別名ガラクシアス、レウコガエア（白土）、レウコグラピティス（白いチョーク）、シュネキティス（粘着性土）。
4. 木のアカテス	232～243（cf. アカテスは610～641）行 ・神々の心が喜びに満ちる。・牛の角や農夫の肩につけると、農業の女神デメテルの恵みが得られる。	37巻139～142（瑪瑙） ・（樹木瑪瑙、効能書きなし）。（アカテスは、かつてはたいへん貴ばれたが、今日ではさっぱり人気がない。種類は多い）。
7. イアスピス	267～270行 ・神々の心を癒し、雨を降らせてくれる。	37巻115～118 ・多くの石に負けてはいるが、なお人気がある。・光輝が弱い。他の宝石に生ずるあらゆる欠点がある。・文書の封印に用いる。・東方の国民には護符となっている。・マギ僧どもの虚偽：公衆演説家に役立つなどといっている。
8. リュクニス	271～279行 ・神々の心がいとしく思ってくれるので、畑から災いを遠ざけてくれる。・炎をつくる。・炎と相反する力（冷たい性質）をもつ。	37巻103～104 ・火のように赤い石に属する。・ランプを点ずることができ、そのときとくに美しい。・日向で温めたり、指で摩擦すると、藁やパピルスの繊維を吸いつけるという。
9. トパゾス	280～281行 ・光輝で透明。 ・犠牲を捧げるのに用いられる。	37巻103～104 ・特別な人気を失っていない。・緑がかったリーキの色合い。・宝石の中で一番大きいが、鉄のヤスリに冒されるし、使っていると磨滅する。
10. オパリオス	282～284行 ・女神を喜ばす。 ・眼の癒しとして造られた。	37巻80～84 ・貴重な宝石のすばらしい諸性質を併せもっていて、いずれにもまして優れている。・別名パエデロス（無類の美しさゆえ）。・cf. パエデロス（37巻129～130）
11. オプシアノス	285～284行 ・松脂とミルラとレピドトスを混ぜ、火の上に	37巻80～84 ・鏡として物の影を写す。・「オプシアナ・ガラス」は食器用。

第5章　『リティカ』とプリニウス

(黒曜石)	まくと、未来を予言する力をもたらす。	
13. マグネティス	306～333行 ・神々をなだめる（とくに戦いの神アレスを）。・鉄を引きつける。・魔法をかける。・妻の不貞をためすことができる。・兄弟の不仲を防ぐ。・甘美な声で聴衆を魅了する。・神々が望みをかなえてくれる。	36巻126～130 ・自然が石に、一種の声、感覚、手や足、本能を与えたもの。雌雄がある。その他、種類が多い。 ・眼病の硬膏に用いる。 ・激しく流れる涙を止める。 ・すり潰して焼いたものは火傷の薬になる。
14. オフィエティス	341～344行 ・細かく砕き、牙で咬まれた傷口に塗ると癒しとなる。	36巻55～56（大理石の一種「蛇紋石」） ・護符として身につけていると、頭痛と蛇の咬傷を癒すという。 ・ある権威者たちが推奨していること：白い種類を護符とすると、精神錯乱、昏睡状態の患者に効く。
17. シデリティス	357～360行 ・言葉（ダイモンの言葉）を話す石。「命あるオレイテス」と呼ばれるのがふさわしい。赤子の声を出す。・ヘビを遠ざける。・粉を咬傷にふりかけるとよい。・子宝に恵まれる。	37巻182 ・鉄に似ている（効能書きとくになし）。・他の石の別名として登場（オレイテスの別名として37巻176（球形で火に侵されない）、マグネスの別名として36巻127、アダマスの別名として37巻58）。
18. オフィテス	461～473行 ・蛇に対する薬。・視力回復、重い頭痛の薬。・耳の遠い人に効く。・恋愛の情熱をよみがえらせる。・火に入れると匂いで蛇を追い払う。	36巻55～56（大理石の一種「蛇紋石」） オフィエテスに同じ。
19. ガガテス	474～493行 ・香気で蛇が退散する。・刺すような匂いで、あらゆる生物を参らせる。・乾燥したモミの木に火をおこす。・神聖病を暴く。・嗅覚に破壊的な影響を与える。・女性の下腹部にたまる有害な体液を排出させ、病気を防ぐ。・多くの奇蹟を起こす。	36巻141～142 ・擦ると悪臭がし、焼くと硫黄の匂いがする。・水によって点火し、油で消化させる。・燃やすと蛇を駆逐し、子宮閉塞を弛める。・重い病気や処女の偽装を見破る。・ブドウ酒と煮ると、歯痛を癒す。・蝋を加えたものは、瘰癧を治す。・マギ僧たちは、「斧による占い」を行うときにこれを用いる。
22. 珊瑚	510～609行 ・サソリの針を弱める。・生ブドウ酒とともに呑み込むと、コブラの毒が利かなくなる。・身につけると、心が楽しくなる。・心に魔力が宿る。・戦いや航海などから身を守るお守りになる。	・インドの予言者や卜者は、危険を払うのに非常に力のあるお守りだと考えている。嬰児のお守りとして身につけると、守護してくれると信じられている。・焼いて粉にしたものを水に入れて飲むと、腹痛、膀胱疾患、結石に効力がある。同じようにブドウ酒に入れて飲むか、熱があるなら水に入れて飲むと催眠剤になる。・眼に塗る青薬に加える。・収斂性と冷却性があり、腫瘍でできた窪みを塞ぎ、傷跡を滑らかにする。
23. アカテス	610～641行 ・生ブドウ酒とともに飲む。・サソリの咬傷に塗ると苦痛が弱まる。・女性のもとに、魅力的な男性を送る。・言葉で魔法をかける。・手に握っていると、病気で衰弱した人を救う。・死の運命がわかる。・三日熱、悪寒、四日熱の救いとなる。	37巻139～142 ・クモやサソリの毒を消す。・眼にとって効能がある。・口に含むと渇きが鎮まる。・マギ僧による言い伝え：焼いたときの煙は、台風や竜巻をそらし、川の流れを止める。・沸騰する大なべに入れると、水が冷める。・家庭内のいざこざを防ぐ。・競技者を不敗にする。絵具をすべて朱色にする。
24. ハイマトエイ	642～690行 ・天から生まれた石、天空の神ウラノスの血が	36巻146～148 ・眼の充血によく効き、内服すると月経過多を抑える。・ザ

55

ス	固まってできた石。 ・眼の痛みを防ぎ、古い痛みを遠ざける。 ・甘い蜜に混ぜて溶かすと、瞼の病気を取り除く。 ・眼を癒す（見えるようにする？）。 ・勝利をもたらす。		クロの汁を加えて吐血患者に飲ませる。・膀胱の病気の内服薬。・ブドウ酒に入れて飲むと、蛇の咬傷に効き、解毒剤になる。・ソタクスによる言い伝え（エチオピア産：眼病の軟膏、いわゆる「万能薬」、火傷の薬。アンドロダマスと呼ばれる種類：銀、銅、鉄を引きつける。肝臓の最良の薬。「赤土鉱石」と呼ばれる種類：火傷の薬。スキストスと呼ばれる種類：痔核の薬。つき潰して油に入れて空腹時に飲むと、血液の病気が治る）。 37巻169 ・マギ僧たちの欺瞞：眼や肝臓の病気を癒す。訴訟や裁きに干渉する。軟膏を塗っておくと戦闘に負けない。
25. リパライオス	691～742行 ・祭壇のかまどにおくと、煙で蛇がおびき寄せられる。・密儀に用いると、神々が喜ぶ。・メガイラの禍を遠ざける。・未来のこと、鳥や獣たちの話が分かる。		37巻172（リパレア） ・煙であらゆる獣類が、かくれ場から追い出される。
26. ネブリテス （ネウリテス）	743～754行 ・神々が願いをかなえてくれる。 ・蛇の背の刺で傷ついたとき、痛みを鎮める。 ・妻に夫への欲情をかりたてる。		37巻175（子鹿石） ・リーベル・パテル（酒神？、ユピテル？）にとって神聖な石。
28. カラジオス	758～761行 ・熱病を冷やしてくれる。 ・サソリによる毒の助けとなる。		37巻189 ・アダマスのように硬い。 ・火中に入れられても冷たさを失わない。

第 5 章　『リティカ』とプリニウス

いかさまを攻撃し続けたプリニウス

　プリニウス『博物誌』の中の鉱物論は、その第33巻（金属）から第37巻（宝石）までつづきますが、いわゆる魔術の起源やマギ僧やオルフェウスへの言及で注目すべきものは、第30巻（動物薬剤論は第28巻〜32巻で、当巻はその一部です）冒頭部からの論述であろうと思います。

　まずプリニウスは、語気も荒々しくマギ僧たちの虚偽を暴き続けることを宣言いたします。彼らのいかさまが、じつに何千年の長きにわたってのうのうと全世界を支配してきたからです。彼らの魔術が臆面もなく人間世界に至上権をほしいままにしている現状、人間の心の奥深くにあるものを3つの魅惑的な医術・宗教・占星術によってとらえて離さぬいかさま魔術の数々の厚顔無恥さを、プリニウスは極力、暴露しようとしました（『博物誌』第30巻・1〜2）。

　魔術は紀元前6千年以上も昔に、古代ペルシャのゾロアスター教祖によって起こったことを述べた（同巻・3）あと、オルフェウスにも言及し（同巻・7）、オルフェウスがその魔術を自分の生まれた土地であるトラキア地方（エーゲ海北方の広大な地域）にもたらした最初の人であること、しかもそれは医術的な形でもたらしたことを述べています。つづいてプリニウスは、自分の時代に現存する魔術書としてはオスタネスがその最初の著者であることに触れ、この人がペルシャ王クセルクセスのギリシア侵攻の際にそのお伴をし随所に魔術を伝播していったのだ、とも述べています。

　しかしプリニウスの記述とは別に、オスタネスといい、とくにオルフェウスといい、一般的にはともに万物共感、つまりsympathia（英語の sympathy「共鳴・共振・交感・共感・調和・

一致・同情」。sym「〜と共に」と pathia「受け取ること→英語 passive（受身）」の合成語です）の能力において大いにすぐれた人たちだった、と考えられうるということをここで述べておく必要があると思います。オルフェウスの音楽には、草木も鳥獣も石までもが聞きほれたという例のギリシア神話の言い伝えも、その間の事情をよく物語っているのですから。

　が、プリニウスが語るオルフェウスには、動物による占いや植物の薬効に関する言及はごく少しあっても、宝石のパワーについてのものは全然ありません。プリニウスの非難攻撃は、ただただマギ僧たちの動物を使い宝石を使う魔術に集中している感がありますが、とにかく第30巻冒頭部のマギ僧的魔術とオルフェウスへの言及が、『リティカ』のオルフェウス神話に何らか関連しているというのは考えられることでしょう。

　ただ、プリニウスが「鉱物篇」（『博物誌』第33〜37巻）、とくにその「宝石論」（第37巻）で扱った2百数十種類の中の10分の1ほどの宝石と、『リティカ』の宝石を比較してみてもわかるように、両者にはかなりのすれ違いが見られることも事実です。

プリニウスの怒りの背景には金権腐敗が……

　事実また、マルボドゥスのときからみてきた宝石信仰には一貫して、何度か引用しましたように、「石の中に宿る力は植物の中に宿る力よりも大きい」という重要テーマもあります。他方、農業立国の古代ローマ帝国に対して大いなる誇りをもつ代弁者のプリニウスには、千種類になんなんとする多くの植物の偉大な力に対する絶対の信頼がその背景にありました。

　そして何よりも、創造の力である自然の屋台骨ともいうべき

大地の岩山から、ただただ飽くなき人間の欲望のためにだけ、山を崩さんばかりに大理石を切り出したり、贅沢な宝石あさりをしたりすることへの罪悪感、つまり聖なる自然の神域をおかす止み難い冒瀆感といったものが、彼にはあったに違いありません。

古代ローマの最高の栄誉冠が木葉で編まれた冠や草の冠にあり、金銭的価値のある宝石冠をはるかに上回っていた、という古き良き農業立国ローマの古き習慣をプリニウスが賛美するのも、以上のような彼の心情のしからしめるところがあったからにほかなりません。祖国ローマが、ますますつのる金権腐敗の嵐の中で没落していくその姿を座視するのに忍びなかったプリニウスの叫びが、誰の心にも何らか伝わってくるようにも思います。

しかしこの問題は各時代・各人間それぞれの考えるべき真剣な問題としておき、私どもはいちおう、『リティカ』と、それに対応するプリニウスの石との比較表（54～56頁）を見ることにしたいと思います。

美しい輝きの宝石は私たちの心を映す〝明鏡〟

プリニウスが宝石そのものに対して激しい嫌悪感をもっていた、というわけではありません。自然の妙なる創造の女神の被造物は、何1つ残さないで語り尽そうと考えたプリニウスが、『博物誌』全37巻の最終巻（宝石論）を語り終わったあとで、彼はまことに人間らしく、自分だけが女神のすべての創造物をそれらにふさわしく賛美できたことに対し、どうか嘉し慈しみを与え給うようにと、幸多く恵み多い女神に呼びかけているのが印象的です。

しかし次代のローマを直接蘇らせたものは、そういうプリニウスの知的名誉ではありませんでした。それ（知識）を全く空しくしてしまうようなキリスト教信仰であり、この信仰時代だったのです。しかもまた、そんな人間の魂の遍歴は、キリスト教的な中世をも経て、ポスト・モダン（現代後）という新しい時代へと向かっていくのですが、宝石の力は、そういう遍歴の人間の心にどういう運命を与えてくれるのでしょうか。

　私はここで再び、少し前に触れた「万物共感」、つまりsympathia（「反感」はantipathia, antiは「〜に反対して」の意味）の心を喚起したいと思います。確かに、ある石によって深い予知能力を励起されたある人が、気象現象その他との共感によって、雨や嵐の来るのを予知したり、災難を未然に防いだりする不思議を体得することはあったでありましょう。予知というか予感というか、しかしそうしたものは絶えず当人や周辺の人たちの欲望その他の事情によって曇らされたり妨げられたり曲げられたり（歪曲）もするものでしょう。悠久の測り難いものを、いついかなるときも予知することなど人間にはできるはずは毛頭ないのですから、私ども人間はその都度、どこまでも欲張ることなく、謙虚に敬虔に感謝しながら、自然のさまざまな声を聞き取れるよう努める以外に方法はないのです。誤つことのあまりにも多い私ども人間の運命を絶えず自覚しながら、こうすれば最悪のことはないとひたすら信じて、ただ無心で祈ろうとする心を持ち続ける以外に何があるのでしょうか。

　どんな石が、どんな植物が、どんな動物が、またはどんなきっかけが、その人に深い共感（または反対に避ける反感）の知恵を何らか与えてくれるのか、それは各人各様で、なかなかわかりませんが、できるだけ多く深く宇宙の意思との一体感を体得できれば、それだけ幸せなことでありましょう。それがいわゆる

第5章　『リティカ』とプリニウス

「死んで宇宙にまた生きる」ことにつながるのか、それもなかなかわかりませんが、透き通る宝石の無色の輝きや永遠的な美しい色彩のオーラには、私どもの心を狭い自分を超えて励起する無限ともいえる力が秘められていると確信できることがあり、そのとき私ども自身の心も宇宙の心をくまなく映す明鏡ともなると思います。

　宝石の効能書きの比較にも、長い歴史のいろいろなものが投影されていることに思いを馳せながら検討していただければ幸いと思います。『リティカ』の効能書きに、第4章に掲載した一覧表と内容的に数々の重複があることをご容赦ください。

　『リティカ』の中のマゴス（複数はマギ「マギ僧」）をとおして、プリニウスとの密接な関連をたどってきましたが、オルフェウスを医術・魔術の関係で引き合いに出したものの、いわゆる古代ギリシア神話上の重要な神格であるヘルメスへの言及は、プリニウスには全くないままでした（第25巻・38に直接の関係は全くないヘルメス草という名だけが登場していますが）。

　が、ギリシア神話では、ある向きは、オルフェウスは医術や音楽などの神アポロンの子であったし、ヘルメスはアポロンから小石による占術（魔術）を教わったことや、ヘルメス自身が変幻自在の詐術・商売にたけ、豊穣と富と幸運をもたらす神であり、地下の世界への使者でもある発明・発見など知識豊かな神だったことから、後世、錬金術とも密接に結びつけられ、この術を「ヘルメスの術」（ヘルメティカ、つまり Hermetica）とも呼ぶようになりました。

　こういう関連から、次からは「錬金術」について、そのいつわらざる素性（すじょう）を数章にわたり述べていきたいと思います。

第6章　ヘルメスの術としての錬金術(ヘルメティカ)

ヘルメス神と錬金術の結び付き

　さきの宝石賛歌『リティカ』の冒頭に謳われたヘルメスは、オリュンポスの主神ゼウスの賜物（宝石）を人間のなかの賢い人たちに授ける「恵みの神」として登場しました。ヘルメスは、もちろんギリシア神話上のオリュンポス 12 神の一員です。

　しかし、ヘルメスについての古い像を見ますと、過去にはグロテスクな図もいろいろ描かれていました。が、もともとこの神は、原始的な男根（ヘルマイ）崇拝と関連があったと思われます。しかし素朴な一介の石柱（男根）に込められた豊かな実りのシンボルとしてのヘルメス信仰は、その後、天上の精と呼応して、また地下資源の金属を生み出す術とも関連しました。

　古いヘルメス神は、先住民族を征服しギリシア本土に定住した新来のオリュンポス神族（主神はゼウス）に結局は組み入れられました。が、本来はギリシア先住民の神であって、その後、この崇拝がギリシア全土に広がったものと思われます。彼は、天上の神々の使者として変幻自在、地上・地下にも自由に出没して、縦横無尽の才を発揮し、あらゆる詐術・技芸・学問・商売にたけた幸運と富をもたらす神であり、また霊魂を地下の冥界に導く役目をもっていました。

　ヘルメスは、ギリシア正統派の詩人ホメロスによっても、もちろん謳われました。が、次のヘルメスの壺絵（図１）は、神聖な４という数字に象徴される図像となっておりながら、４角の胴体はまた、古代エジプトのイシス女神（オシリス神の妻）の祭儀で用いられた４弦のシストルムの楽器（メルクリウスの

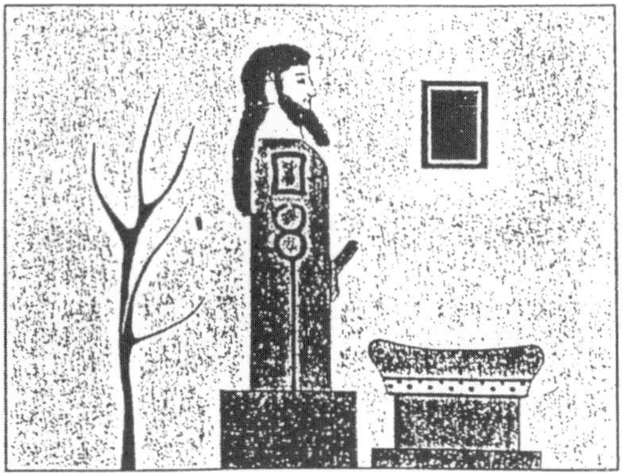

図1　ヘルメス―ヘルマイ（男根）の豊穣・多産の象徴図。

楽器でもある）を表わしているといわれます。

また、図像の中に描かれている☿（つまり☿）は水銀を示す錬金術記号であり、これは水銀が黄金を溶かしてアマルガム（水銀と他の金属の合金）にしたり、水銀が固体状態から液体（液体が水銀そのものの状態）、そこからさらに蒸気（気体）へと変幻自在の形をとることから、ローマ神話上の変幻自在の神メルクリウス（ギリシア神話上のヘルメスと同一。Mercurius（メルクリウス）→英語mercury（マーキュリ）「水銀」）と結びつけられたものにほかなりません。しかし、錬金術史の発端の１つとなる古代エジプト密儀宗教の神オシリスが、金属変性の妙ともいうべき鉛と同一視され、この鉛から金がつくられるというエジプト錬金術のプロセスと一体どう結び付くのか問題になるでしょう。

錬金術の高貴さは豊穣と神秘の〝黒色〟に

錬金術は、英語でもいわゆるalchemy（アルケミ）（ただしalはアラビア語の定冠詞です）といいます。が、この語の本体であるchemy（ケミ）をめぐって、エジプト錬金術では、「黒」(kum.t（クム）→chemi「エジプトの

黒土」）が特有の豊饒と神秘性をもったことから、このオシリスにまつわる神話に結び付きました。暗黒（死）からよみがえるエジプト最高の密儀宗教の神として、オシリスは１〜２世紀のローマ時代にも特別の畏敬を集め、変化の妙としての黒い鉛に結び付いたのです。

　錬金術は、一般には、卑金属から貴金属を精錬する作業だといわれます。が、この「卑金属としての鉛」という言い方に対しては、錬金術の本質からはかなりの修正を必要とするように思われます。鉛は、黒い鉛鉱石の変幻性と相まって、きわめて重要な神性を具えた金属であり、オシリス神とも同一視されてきたからです。

　金属が、いわば暗黒なるオシリス的密儀・秘儀を経て光のように白く輝く銀に、さらに太陽（エジプトは太陽神ラーと、その金属・黄金を崇拝する国）のように黄金色に輝く金に変化するということは、金属科学技術的には、金・銀を含む鉛を「灰吹法」によって生成変化させ、金・銀を溶融するのですが、内面に骨灰を塗った反射炉に入れて空気を吹き込んだとき、酸化した鉛が骨灰に吸収され、あとに金や銀が残るという仕組みです。

　科学的事実としては確かにそうなのですが、当時の人間精神の宗教や哲学の知恵の光に輝らすとそうはいかなくなってまいります。その間の事情はおいおい説明させていただきますが、話を主題のヘルメスに戻したいと思います。

冥府からの再生が、錬金術の変性と合体

　さて、黒い鉛鉱石の生成変化・変幻の妙がギリシアのヘルメス神に結び付く前に、例のエジプトのオシリス神をとおして、じつはエジプトでヘルメス的知恵を駆使したり、魂を地下の暗黒

の冥府に導き再生の魂を光の世界に呼び戻したりする神として、私どもはトートの名を唱えなくてはなりません。

　トートは、頭がトキで、胴体はヒヒ、これが夜明けを告げることから、トートは「光り」としての知識を表わす神として古くから崇拝されてきました。文字の発明者で、冥府の裁判官の書記として死者の行為に対する冥府神オシリスの判決を書き留める役割をつとめたともいわれています。

　紀元前３世紀のヘレニズム期初頭の伝承によりますと、広くヘルメス・トートと呼ばれるようになり、当時の文化を反映して、ギリシア神・ヘルメスとエジプト神・トートの合体神になりました。

　両者とも言葉と学問の神であり、冥府からの再生をもつかさどったことから、知恵の伝承者（哲学者）の学であり、物質変成の術である錬金術と固く結び付くことになりました。

　ところで、エジプトの黒土（chemi ケミ）はナイル川のもたらす圃場 ほじょう の土であり、穀物の豊かさも金属の多産（ナイルからは多くの砂金も採取されました）も、すべてこれによって約束されました。このエジプトを後に征服したアラビア・イスラムの人々が、金属技術のさきわうこの chemi の術にアラビア語の定冠詞 al をつけ、alkīmīā（アルキーミーアー）（→英語の alchemy アルケミ「錬金術」）とした、という説が生まれたのも当然といえば当然でした。chemi とは別に、ギリシア語の chēmeiā ケーメイアー（＝ chȳmeiā キューメイアー「金属溶融」）から説く向きもありますが、いずれにしても金属変成の術に関連するものでした。ただ、エジプト錬金術で重要な役目を担った黒鉛は、アラビア錬金術では、水銀にとって代わられましたが、この経過は次の項目「ヘルメス文書 もんじょ」をめぐる論議から、だんだん明らかになってくると思われます。

第6章　ヘルメスの術としての錬金術(ヘルメティカ)

『ヘルメス文書』は、神の叡智の伝授書

　その後のヨーロッパ・アラビア世界に絶大な影響を及ぼすことになる一種の密儀・秘儀体系のヘルメス文書（Hermetica『ヘルメティカ』）は、紀元2～3世紀にヘレニズム（ギリシア化された）時代のエジプトで編纂されたものと考えられます。すでに申したように、ヘルメスは、神々の使者であり、技芸・学問・商業の神でありました。が、この文書では、まさに神の絶対の叡智を伝える者として、ヘルメス・トリスメギストス（Hermes Trismegistos「3重にも最も偉大なるヘルメス」）と呼ばれて登場します。現存するヘルメス・トリスメギストスなる神格の知恵伝授の書、ここに織り込まれるものは、古代エジプト・バビロニア・カルデアやギリシアや、その他ユダヤ（原始キリスト教も含め）・ペルシャなどいろいろな宗教・哲学・科学技術的思想の混合体を示すものです。

　が、ここに登場するポレイマンドロスというヘルメスの神格が、これまで考えられていたギリシア起源（poimēn(ポイメーン)「牧人」・anēr(アネール), andros(アンドロス)「男」）ではなく、コプト語（エジプトキリスト教会語）のP-EIME-N-RE(プエイメンレ)つまり「太陽神の知恵」というエジプト起源の名前であるらしいこともだんだんわかってまいりました。

　ところで、さきのヘルメス・トリスメギストスのトリス（3倍・3重・3）という数詞は、はじめからあったのではなく、ロゼッタ石にはHermēs(ヘルメース) ho megas(ホ メガス) kai megas(カイ メガス)というようにmegas(メガス)（偉大なる）が2回繰り返されているだけです。が、いずれにしても、3という数はキリスト教の三位一体成立の過程とも密接な関係があったといわれています。

　しかしそれはともあれ、エジプトのヘルメスといえば、別名はもちろん「ヘルメス・トート」。そして、悠久のエジプトの歴

67

史に秘められた数々の知恵が、古代ギリシア・ローマ思想やユダヤ教・キリスト教・ゾロアスター教などを受け入れて合成されたもの、それが数多くの「ヘルメス・トートの文書」、一般には『ヘルメス文書』(Corpus hermeticum) といわれるものであります。さらに、ここに盛り込まれた思想は、新プラトン主義・新ピタゴラス主義の哲学なども取り入れ、グノーシス思想にも染められています。

グノーシス (gnōsis) とは「知恵・認識」の意。グノーシス主義は徹底した精神と物質の二元論を唱え、物質的な世界に閉じ込められた魂が救われて霊的世界に到達するためには、神が啓示した「知恵の認識」が必要であることを説きました。いろいろな経過はありましたが、この思想を含む一連の混淆思想は、中世キリスト教社会でもまたアラビアでも公認されることがありませんでした。

しかしこれは、たえず秘教として神秘のヴェールをかぶっていただけに、硬直化することもなく、錬金術的・占星術的な象徴主義として変革時代に直面するごとに底知れぬ深みから噴き出してくる人間の魂の霊力ともなりました。例えば近代ルネサンス期、ヘルメス文書は1460年にイタリア・フィレンツェにもたらされ、これがプラトン・アカデミーのM・フィチーノによって翻訳されたとき以来、これは反響に反響を呼び、版を次々に重ね、ヘルメス文書そのものが、紀元前千数百年前にヘルメス・トリスメギストスによって伝授され、これがオルフェウス、ピタゴラス、プラトンなど古代ギリシアの宗教家・哲学者たちに伝えられたと考えられました。しかし17世紀はじめに、スイスの文献学者カソホンによって考証され、今日のような見解（紀元2〜3世紀にヘレニズム期のエジプトで編纂されたもの）となりました。

ヘルメス文書の基本的なものには、『ポレイマンドロス』と

第6章　ヘルメスの術としての錬金術(ヘルメティカ)

か『アスクレピオス』、さらに『エメラルド板』といわれるものなどがありますが、ここでは、アラビア錬金術との関連から『エメラルド板』だけを取りあげたいと思います。

エメラルド板には、世界の創成原理が記述

　エメラルド板（ラテン語でTabula Smaragdina→英語the Emerald Table)、つまりエメラルドの板に彫られたこの文書を洞窟の中で発見したのは、アレクサンドロス大王（紀元前4世紀）といわれます。もちろんこれはある伝説ですが、本来これはギリシア語で書かれたようです。が、原文は残っていません。アラビア語訳は10世紀の『創造の秘密と自然のたくみの書』の末尾に付けられていました。この書は、テュアナのアポロニウスの名を冠しているものの、実際にはあるイスラム教徒の作品であるといわれます。しかし9世紀のゲーベル（アラビアでの呼び名は「ジャービル＝イブン＝ハイヤーン」、アラビア最大の錬金術師であるといわれ、厖大な錬金術書が彼に帰されています）の書物にすでに見出されたとする説もあります。

　いずれにせよ、ギリシア語原文はこれより以前には成立しており、ヨーロッパ世界では12世紀にラテン語訳も現われ、13世紀のアルベルトゥス・マグヌス（「普遍博士」として中世後半キリスト教社会最大・最高の神学者）もこれを知っていたといわれます。謎めいた口調で世界の創成と錬金術の根本原理を語るこの文書は、きわめて広範囲に影響を及ぼし、錬金術文書の中で最も重要なものの1つだったことは確かです。

　全文は簡単なものですし、重要な文句が満ちていますので、後の論述とも密接に関連することから、次に全文を掲載しておきたいと思います――『エメラルド板』(図2)の日本語訳（試訳）。

Verum est: sine mendacio, certum et veriss-
imum:Quod est inferius est sicut id quod est
...erius est sicut id
...petranda miracula

...nt ab uno, medita-
...res natae fuerunta

...r ejus est Luna.
...entre suo. Nutrix
...is telesmi totius
...us integra est, si

. subtile a spisso,
. Ascendit a terra
ndit in terram, et
inferiorum.
us mundi. Ideo fug-

...tudinis fortitudo
fortis, quia vincet omnem rem subtilem,
omnemque solidam penetrabit.

Sic mundus creatus est.

Hinc erunt adaptationes mirabiles, quarum
modus est hic.

Itaque vocatus sum Hermes Trismegistus,
habens tres partes Philosophiae totius mundi.

Completum est, quod dixi de operatione
solis.

図2 あらゆるものに変貌する風神は、知恵の最上位にある創造者であると同時に、万物を成り立たせる第一質量（原質）でもある。王であり、家僕・奴隷でもあるといわれるメルクリウス。

第6章 ヘルメスの術としての錬金術(ヘルメティカ)

　——これは、いつわりのない真実、確かで最も真実なことである。下にあるものは上にあるもののごとく、また、上にあるものは下にあるもののごとくであるが、それは一(いっ)なるものの奇蹟を成し遂げるためである。

　一なるものの思考によって万物が一から生じたように、万物は　順応によってこの一なるものから生まれた。

　その父は太陽、母は月であり、風がそれを胎内にはぐくんだ。乳母(うば)は大地である。それは全世界のすべての完成の父である。その力が地上に向けられたとき、それは全きものとなった。

　火から土を、粗大な固いものから精妙なものを、見事に、きわめて巧みに分離してみよ。それは地上から天上へと上昇し、ふたたび地上に下降し、上なるものの力と下なるものの力を受け取る。

　こうして汝(なんじ)は全世界の栄光を手に入れるだろう。それ故、すべての暗黒は汝から離れ去るであろう。

　これはすべての強さの中の強さである。というのも、すべての精妙なものに打ち勝ち、すべての個体に浸透するからである。

　このように世界は創られた。

　驚くべき順応はこうして起こるが、それらの次第は以上のとおりである。

　このため私は、全世界の哲学の3つの部門をもつもの、ヘルメス・トリスメギストスと呼ばれた。太陽の働きについて私が述べたことはこれで終わる。——

以上の文句はまた、挿し絵でいろいろとわかり易く（!?）表現されるようになりました。

図3 中央には、万物を生み出す卵の中のメルクリウス（能動的男性・太陽 ☀ と受動的女性・月 ☽ の上に立つ）が描かれている。

図4 両性具有のヘルマアフロディトス（男神ヘルメス＋愛の女神アフロディテ）は、錬金術上では、能動的男性原理と受動的女性原理を備え、万物を生み出す原質でもある。

第6章　ヘルメスの術としての錬金術(ヘルメティカ)

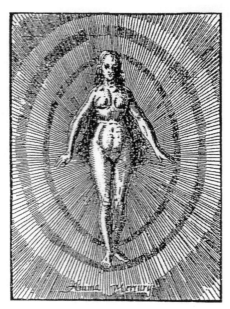

図5　「水銀の精」（アニマ・メルクリイー、つまりメルクリウスの魂）は、母なるもの（宇宙の魂）として、図のごとく、四方八方に光のように浸透する液体であり栄養である「生命の食物」（原質）であると考えられている

　図3・図4のように、ヘルメスを風神（エメラルド板に文中に「風」とあるもの）とみる古くからの考え方があり、これが太陽（父なる男性）と月（母なる女性）を孕(はら)み、宇宙意思（宇宙の魂）、万物の原初の質料（prima materia「第一質料(マーテリア)」）、両性具有、さらに、最も精妙ですべてを貫通しすべてに浸透する中心的なものとして、ヘルメス・メルクリウス（メルクリウスについてはさきに述べました）、つまり「水銀の精」（図5）としても象徴化されていきました。

　図にもあるように、水銀は女性であり、それに対するもう1つの硫黄（太陽的燃焼要素）は男性、またそれらを孕む風神のヘルメス・メルクリウスも男性として描かれていますが、これらはどこまでも一種の象徴図であり、表現はさまざまに変容してまいります。が、とにかくアラビア錬金術は、古代ギリシアの哲学者（とくにアリストテレス）からの影響も受け、万物変換可能なものとして、とくに金属理論を象徴的な水銀-硫黄理論で統一しました。そのなかで変幻自在で精妙・気化の水銀（エ

73

ジプト錬金術の黒鉛にとって代わったもの)の女性的要素が、万物創造の母なるイメージをもって登場してまいりました。

　水銀、つまりこの不可思議な精は、エジプトのアレクサンドリア中心の2～7世紀錬金術時代以後、いろいろな実験研究が進み、9世紀以後のアラビア時代になると、この医学的治療効果(消毒、殺菌、新陳代謝促進作用など)の重要性が認められるのと相まって、その流動性と変容性、溶融性と受容性をもつ水銀が、多産な女性的要素として、かつての鉛に代わり、錬金の豊かな産出技術を示す1つのシンボルになりました。そして、水銀は、「神的なもの(theion)」の異名をもつ硫黄の強烈な可燃的男性要素と結合して金属を産出するという、アラビア錬金術上での地位を確立しました。金属の溶融は水銀的要素への移行であり、精妙な粉末(→霊薬「エリキサ」)化への燃焼は硫黄化(黄金化)なのでした。

宝石信仰の神髄は、永遠の生命の追求に……

　以上に述べてきたことは、ヘルメスという宝石信仰の神格的存在が、また同時に錬金術の神格にも変容し、長い人間精神の遍歴、いわば苛酷な戦火の中を生き抜いてきたプロセスでありました。きびしい火の中でもその純粋さを保ち続けると信じられてきた黄金。このいわば永遠の生命のシンボルともいうべきものを、人間はいかに強く求めてきたことでしょうか。物欲・権力欲・名誉欲のうずまくこの世の業火の中を、それらによって、いやそれらのものからひたすら浄化され、永久に輝くものとか透明で純粋なものに鍛え上げられたいと、人間はどれだけ願ってきたことでしょうか。私どもは、それをこそ宝石信仰や錬金術に求めてきたに違いありません。

長々と申し述べてまいりましたが、しかし以上の錬金術談義はいわば序論にすぎません。以下にわたって、いろいろの角度から錬金術の話を記号・図説を交えながらしていきたいと思いますので、よろしくおつき合いくださるようお願いいたします。一見、私どもの富や権力の象徴とも考えられる宝石や錬金術が、しかし、かえって私どもの心をできるだけ純粋に無欲にしてくれるものでなければ、私どもの真実の救いもないことを、私はここに一言付け加えて、本章の話を終わりたいと思います。

第7章　錬金術のスピリットと宇宙意思

錬金術と色の神秘

　さてエジプトを養う黒土。錬金術ではその「黒」の神秘性から、ものの根源、すべてのものがそこから誕生してくる聖なる始源を考えるということは、前にも触れたとおりです。が、これは何もエジプトに特有なものというよりも、すべての人間に、いや万物に共通したものでありましょう。古い古い大昔から万物に刻印されたものといえるでしょうか。

　ホメロスに次ぐ古代ギリシアの詩人ヘシオドス（紀元前7世紀）の創成神話にある始源のChaos（幽冥暗黒の混沌的な世界）、そこから生まれた夜はもちろん暗黒なものにほかなりませんでした。が、こういうものから光り輝く神的な宇宙秩序が生まれたとするならば、母なる暗黒は当然、万物の生みの親としての畏敬を受けることになるでしょう。黄金色に輝く太陽神ラーをあがめるエジプトの錬金術が、こうして、暗黒なる死からよみがえる神としてのエジプトのオシリス神にまつわる神話に結びついたのも前述のとおりです。きわめて重要な神性をそなえたオシリスの金属、変幻自在性をもった黒鉛が、いわば暗黒なる密儀を経て、白く輝く銀に変化するというのも、これは宇宙創成の何かの人間への刻印の想起を示唆するものでありましょう。錬金術の聖なる数として3とか4の過程を経、白色の銀が輝く永遠の王者である黄金へ（黒→白→黄色の3行程）、さらに超純金化の霊妙な紫がかった赤紅色をおびた赤紅金へと変えられていく黒化→白化→黄金化→赤紅金化、こういうプロセスの始源としての高貴な地位を「黒」は占めているのであります。

色の象徴するものは、人間の心性に非常に重要な関係をもっています。錬金術はある観点からは金属の一種の染色術ともいわれてきました。そして、紫がかった赤紅色の気は精妙の極致として、錬金術行程の最終段階であり、私どもの生(せい)の内奥の活々たるものは多くの色の表示にシンボライズされてきました。現代の卑近な例として、国家を象徴する国旗が色によってシンボライズされることは前にも触れたところです。古代からの絵画の芸術活動もまたその重要な一環でした。

　神聖な元素に４元素（火・空気・水・土）が当てられたように、色にも４つ（あるいは３つのこともある）の基本色が対応する例が重要な文献に散見されるのは興味深いことです。古代ギリシアの一元的な「火」の元素説を標榜したといわれるヘラクレイトスは、黒・白・黄・赤の４つの原色を取りあげました（ソクラテス以前の哲学者断片集・ヘラクレイトス・B 10)。４元素説を唱えたエンペドクレスや原子論哲学者のデモクリトスも、これらの４原色をとっています。４つの色が紀元前６世紀前後のアッティカ地方の壺などに見られるのも、絵師たちの特に関心をそそったものだったことがうかがえます。プリニウスは、ギリシアの絵師たちが４つの色だけを使っていろいろの彩色をした、と伝えています（『博物誌』第35巻・32)。こういう４つの色を古代ギリシアの数学的神秘思想家・ピタゴラスの４数（tetraktys）テトラクチュスに関連づけ、ピタゴラス起源を唱える向きもありますが、この起源はもちろんずっと古いものであろうと思われます。ただこういうことをギリシア人たちが特にとり立てて理論化したところに、その古代ギリシアの特定の学問的権威をかりる発想が出てくるのですが、４つの原色は、古代エジプトにもバビロニアにも中国などにも見られるものです。色は惑星とか元素にも関連づけられ、哲学者プラトンには、そのきわめてピ

タゴラス的性格が強いとされる対話篇『ティマイオス』の中で、元素に色をあてようとする傾向がみられます。例えば、火は白で、土は黒というように。

　ところで４原色に代わって３原色（黒・白・赤）をとる向きもありました。黄色は、あとから以上の３原色に付け加えられたものとするわけです。３という数を神聖視して３原色を唱える向きもあるかと思うと、神聖な７つの惑星（古代では、太陽・月・金星・水星・火星・木星・土星）にちなんだ７に関連して、これらに７つの色を拝する考えもあり、こうして黄・青・紫・紅色がさきの３原色に付け加えられることになり、色の論議はなかなか尽きるところがありませんでした。

　色と元素（古代は４つ、現代は92の自然元素）の関係・対応については、また後日の話にゆずり、次は、色をとおして火の玉(たま)宇宙創成と錬金術のスピリットと宇宙意思の問題に少し触れてみたいと思います。

「火の玉」宇宙の創成と宇宙意思

　「150億年を語るシナリオ」としてもうだいぶ前に、とてもポピュラーになった雑誌 Newton（ニュートン）に掲載された「インフレーション（膨張）宇宙」(1985年２月号の佐藤勝彦氏の解説）をお読みになった方(かた)もいらっしゃると思います。が、その前後から（しかし1927年にアメリカのハッブルが宇宙の膨張を観察実験結果から示唆したのですから、もうかなり前といわなければなりませんが）、ビッグバン宇宙理論（バンといってごく小さいものがビッグつまり大きく爆発してできた宇宙）の論議が情報メディアにのってかまびすしくなってまいりました。

　「われわれの宇宙はいかにして誕生し進化したのか。この根

源的な問いに答えるためには、150億年前の過去にまでさかのぼらなくてはならない。現代の物理学は、宇宙の初期に想像を絶する急激な空間の膨張がおこったことを明らかにしている。ビッグバン直後の宇宙ではいったい何がおこったのであろう」として、火の玉宇宙にも言及しながら話が勧められていきます。

現代物理学上の計算によると、ビッグバン宇宙の開闢(かいびゃく)後、1044分の1秒という超短時間での温度は1032度K（Kはケルビン度の記号で、熱力学的な絶対温度目盛は摂氏温度Cと同じ目盛間隔をもち、ケルビン度から273.15度を引くと摂氏温度が得られる）という途方もなく高い温度、つまり現代物理学で考えられる最高温度（プランク温度）になるのです。この温度では、重力も電磁力もほかの2つの力もすべてが溶け合い、あらゆる物質が溶けて素粒子ガスになっており、全くの真白そのものの光でしか私どもは表わしようのない無のひろがりに、瞬時に真白に広がる白色光の宇宙世界。やがて温度がさがるにつれて重力、電磁力など4つの力の枝分かれがおこってまいりますが、この火の玉宇宙が、白熱から温度をさげて暖色の黄、赤になっていく様子、そしてずっと時間が経過すると、やがてすべての生物の生みの親となる水（下にたたえるもの）の生成へと向かっていく様子が想像されるのであります。

ところで私は、表題の一部に「錬金術のスピリット」という言葉を入れました。スピリットとはspirit(スピリット)のことです。これにはまた、「精神、霊魂、聖霊、活気、元気、酒精、アルコール、……」などいろいろの意味が出てまいります。が、英語のspiritは、じつはラテン語のspiro(スピーロー)（息をする、呼吸する、霊感を受ける）に由来しており、まさに英語のinspiration(インスピレーション)（in「中へ」spiration「吸い込むこと」、つまり霊感、インスピレーション）こそ、この種の代表的な関連語ではないかと思います。

私どもが錬金術をとおして宇宙の気を吸い込むこと、つまり「錬金術のスピリット」といったのも、以上の意味をこめてのことであると申し上げたいのです。

では次に、丸（○）とか線（―）のことに少し触れたいと思います。

錬金術と図形・記号の意味するもの

ところで、前の章までたびたびその名を出してきた「ヘルメス」、そのヘルメスの杖というのは、右図のとおりであります。水銀の記号☿の8、つまり2匹の蛇（または竜）が巻きついた図は「ヘルメスの杖」を示し、このまわりに地下からの根源的な力が、天に向かって絡みつきながら、下から上へ、上から下への円環を形づくっております。

水銀の代表的な記号☿は、＋（火・空気・水・土の4元素）を支配する○（太陽）と、さらにその上にあってこれらを左右する変化の象徴の⌣（月、すなわち ）→⌣→⌣）という3つの記号から成り立っています。これをもう少し詳しく説明すると以下のようになります――つまり前にも触れましたように、変幻自在の水銀が神聖な「金属の精」として華々しく登場するのは、10世紀前後のアラビア錬金術の水銀－硫黄の金属理論以来のことでし

ヘルメスの杖の図。
地下から二つの力が上昇して宇宙の円環を完成する。蛇が頭にいただく冠は完成の勝利のシンボル。また、中央の棒の先端部にとまる鳥は水銀の持つ飛躍的揮発力を示す。

た。この考えは、中世末からルネサンス期前後（13～16世紀）のヨーロッパ錬金術に受け継がれました。キリスト教の聖なる三位一体的な錬金術、つまり万物の最も根源的な3原理（硫黄‐水銀‐塩の3原質理論）にです。そしてこれらの中心的で媒介的な存在が水銀、そのシンボルマークが☿、つまり十字マーク（東西南北の四方にひろがる印(しるし)。また縦横に張る4つの棒線は、火↑、空気—、水↓、土—の4元素の印。空気の—は上なる横へのひろがり、土の—は下なる横へのひろがり。しかしまた、四本の棒を□に並べると四角という固体要素となり、諸鉱石なども示すことにもなりますし、さきの横棒ひとつをとってみても、地平線の—と水平線の—にも転用できることにもなります）を上から支配する〇（太陽のシンボル）、さらに♀の上に変化(へんげ)の象徴であり満ち欠けする月☽を横に配した☿が、万物を一身に体(たい)する中心的存在となるのであります。それを象徴するのが、次頁の図にも示したマテウス・メリアンの「ヘルメスの博物館」(1678年) となって現代に伝えられています。

　以上のとおりですが、錬金術の何十、何百…となる記号（シンボル）の多様性と、それぞれが暗示・示唆するものについては、次章で一括して要約いたします。

第7章 錬金術のスピリットと宇宙意思

M・メリアン著『ヘルメスの博物館』(1678年)の図 (チューリッヒ中央図書館蔵)。水銀☿が万物創造の中心的存在となっている。混沌 (カオス) の世界に光りのエネルギーを発散して次々と物象が現れ出る。Phoenix (左) は不死鳥のフェニックス、真中には生命の水を噴き出す二つの胴体を持ったライオン (金・銀をも溶かす水銀の象徴的動物)。右には天かけようとするワシが見える。これらは神秘的な力の体現で、12獣帯 (12天宮図) に呼応する。その他、太陽、月、生命の樹 (豊穣のシンボル) なども描かれている。

第8章　記号・図説錬金術の様々な例

錬金術上の基本的なシンボル記号

　　　右の基本的な記号表の最初にくる点は、すべての記号・図形の起点とか原点・中心を表わすもの。左右・上下にのびたり、波紋状に丸く周囲に広がったりします。

　　　水平直線は、点が横にのび、静かに横たわった形、静止・水平を示します。平面的に静かにたたえる水として、青色で表わされることがあります。すべてを広く同一平面上に平等に受け入れる母性的な生命シンボルともなります。

　　　他方、垂直線は、赤々と燃え上がる活動的な色で表わされ、静かに横たわる水平・地平線とは対照的に、天上の神への憧憬と、その神から下界の人間への働きかけを表わす能動的で創造的なマークです。人間界では、男性の生殖・生産的なシンボルであり、王者と臣下の不平等な支配・被支配のヒエラルキー（上下階層組織）のマークともなります。

　　　十字形は、横線と縦線が交差し、火・空気・水・土の4元素によって構成される私どもの世界を示す最も単純な

記号です。4つの季節がめぐり、4つの方位が支配する世界。また、立ち上がる能動的な男性要素と横臥(おうが)する受容的な女性要素が交接する生産の世界でもあります。と同時に十は、生みの苦しさを示す苦難の象徴であり、精神と肉体の相克の受難を示すものでもあります。

十字架を経てバラへ。その7花弁(7つの惑星の変容を経て秘蔵の知恵へ)。上にはDAT ROSA MEL APIBUS(バラはミツバチにミツを与える)という生命授受と愛の秘密を示すラテン語もみえる(フラッド『至高善』1629年版の扉図)。

 が、何といっても十字は、2線の出会いの点というよりも、無限にのびる4つの線の出発点となり、決して離れることなく、永久に無限の中心となる原点に結びついた線であります。楽園(エデンの園)の4つの河、そしてヨーロッパ古代からアルファベットXによって描かれた十字は、数字のなかでは無限の記号(∞)を表わし、秘技のなかでは、神秘、力の力、光の光、栄光の栄光として使われてきました。十字の中心に花咲く神秘的なバラ、光のバラ、生命と愛の花、歓喜と報酬の花、順序よく置かれた7つの花びらは、調和のある階級における秘儀者の心を表わしております。ユダヤ人のアブラハムは、そのバラを金色の葉のついた青い茎に白と真赤な色に咲かせてみせました。バラの聖杯の中に、象徴的なペリカンは自分の血を注いで家族をうるおし、その家族は不滅となる話があります。

ところで、開かれた図形の＋記号は、単独で現れることなく、よく閉図形と結び付いて、すぐれた力を表わすものとして登場します。働きを及ぼす及ぼされるその影響いかんによって、錬金術師たちは、この十字を他の記号の上または下に置きます。後述する♀（銅）、♄（硫黄）、♁（アンチモン）、♅（純粋度の高い水）、等々のように。

　このまんじ型は、インドではSwastika（スワスティカ）、昔のスカンジナヴィアではFyrfos（ヒュルフォス）、同じ中心から出ているような４つの直角形でできていて、車輪を形作ります。卍はまた創造や生成を示し、万物の創造の火を表わす有名な象徴となるものです。有史以前の私どもの先祖は、この生気を与える建築の火を最高の聖なるものと考えたようです。フリーメーソン（中世の石工組合を母体に、18世紀初めロンドンで結成された秘密結社。博愛・自由・平等を奉じ、各国の名士を多数会員に含む）たちは、これを宇宙の大建築家という名で尊びました。さらに卍はまた知性と繁殖力の根源でもあります。この火は、最初のカオス（混沌）の神秘を解明し、潜在していた４元素を顕在化させました。生み出す根本的なものの直接の現われであるこの４元素は、まんじ卍の直角形と一致し、縦線の横に出た枝⌐は、同時に空気△（火△を止める）と土（水▽を止める）のそれぞれ上昇・下降を抑止するシンボルマークを作り出し、他方、横線の場合の└は火△と水▽を引き出します。つまり後者の２つの神秘的な要素は、１つが上昇・拡張の方向↑└△、もう１つが逆に下降・収縮の方向↓┐▽に働きます。

　さて次なる項目の三角形は、卍との関連でもすぐ前にも引き合いに出しましたが、三角形そのものは、古代エジプトでは神性を示す象徴でした。古代ギリシア、とくにピタゴラス学派では、∴∴→∴∴という知恵の三角形数（１＋２＋３＋４＝

10 完全数)、さらにプラトンの４元素構成の正多面体の基本図形です。キリスト教世界では神的な三位一体の数であります。

　三角形△が、円形○と四角形□との中間に位置しており。そこから精神的といわれます。というのも、全く抽象的なものをあらわす全一者としての神の象徴図形○と、私どもが感じとれる個体的物質を表わす□との間にある非物体的な中間物質を△で表わし、神秘学の諸要素の象徴として三角形は使われたからです。

　ところでまた、火△、水▽、空気△、土▽は、「唯一物質」の力の諸様相であるとも考えられます。火△は、炎が燃え上がり先で尖って終わっていることを思いおこさせます。これは、上昇運動、成長、膨張の動き、それに遠心力、侵入、征服などの行為をも暗示しています。さらに火自身は、男性的な力のもつ烈しい気質をもち、もし他の要素と組み合わさって和やかにならないと（例えば生殖の父となるような場合）、怒りをさそい、破壊者となるでしょう。この火△の上昇力に対するものとして、まずは水▽があります。これは、下の方へ流れ、すべての隙間や穴を埋めます。火が膨張させたものを水は収縮させるのです。したがって、水の働きは求心的で濃縮・固体化の作用をもち建

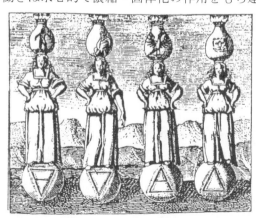

錬金術の4行程（黒→白→黄→赤）が4元素（▽、▽、△、△）との対応で描かれている。4元素（4大）は4つの天球で示され、上には2人の人間と2つの動物（空中を飛ぶワシと炎のライオン）がルツボに描かれている（J・D・ミュリウス『改革された哲学』1622年）。

設的であるともいわれています。

　しかし、火と水の性質は、以上に述べたように対照的でありながら、他方では相補的であり、お互い引き合い結合しながらものを生み出してまいります。✿は、インドでは、神の自然世界への、自然世界の神への愛のシンボルであるといわれました。つまり、一般には2つの三角形が絡み合って大宇宙あるいは大きな世界の星をなす✿は、父と母の結び付き、神と自然、霊と魂、生殖の父なる火△と生殖の母なる水▽との結合を象徴するものであります。

　さて次は、4原理への対応を示すものとしての四角形に話を移しましょう。∟→⌐→□として生じてきた四角形は、直角形を主体に構成され、幾何学的組み合わせの象徴するところにおいては、直角が建設的な役割をみたすと考えられてきました。実際、多くの建築物は2つの相反するものの組み合わせから成り立っています。ここでは、縦の線（神、原動力、行動、力）、横の線（世界、広がり、不動、耐久）からなる直角形は、次のような事柄の象徴であるといわれます。つまり、それらがないといかなる調整もできない規則とか、法、順序、公正、正義、組織です。が、これらすべては建設的寓意であり、隙間なく合わそうとする石を正確に四角形にするとき、完全な建設物が実現するという仕組みです。

　神秘的錬金術の基本的表象記号の1つである□は、ピタゴラス学派の単元素、2元素、3元素、4元素の概念（□→◪→◨）にも関係してまいります。具体的な物質、私どもの五感で感じられるもの、それを私どもは四角形で象徴し、この四辺は4元素と一致します（4元素の表示も別にいろいろあります。さきの＋のほかに✥、✢、♯、✿、さらに、Elementum「元素」の頭文字をとって✎、などなど）。この四角形が正方形の場合、それ

は立方石を表わし、また長方形の場合、フリーメーソンたちは、これを自分たちが仕事をする場合の地図と考えます。無限の宇宙が小さくなってそこに写り、それは私どもの知覚がすっかり及ぶ空間となります。人為的に大きさを小さくしてしまって私どもが知ることのできる世界、神秘家がその長方形の中を歩くのを学んだとき、彼が受けるのは正当な実証哲学の教えであります。私どもは、急がず慎重に、自分が確認できるものの狭い区域にとどまらなくてはなりませんし、高さ（縦）より幅（横）がある四角形は、さらに受動性が優位であることを示しています。

　一般には、四角形は世界とか自然の象徴であり、キリスト教では、三角形の神性に対して、四角形は世俗性の象徴と考えられています。4（四）という数は、4元素、四方位、エデンの楽園から出るこの世の四河、等々の4を示し、広く多様に用いられております。

　ところで、正方形□で表わされるものは、完全に釣合いがとれ自制力がある個体を表わし、この組織は、正確にどんなことでも精神が要求することに適応いたします。このような理想は、制作品で最も天才的な時期における巨匠によって実現され、その時期は、肉体的な力強さが彼のなかで感覚の最高の鋭敏さと結びつくときです。フリーメーソンの秘伝教授における義務労働の期間が、それに一致し、この期間は、とくに労働や行為によい時期で、職人は、寓意的にいいますと、まさに完璧な立方体に変わろうとするのです。

　それでは次は、古代ギリシア人たちが最も完全な図形と考え、幾何学者であったギリシア的創造神が最も喜んだ円（○）の話に移りましょう。

　円○、それは初めも終わりもない神、永遠なるもののシンボル記号。神の眼はまだ開いてはいません。神の霊が万遍なく静

かにただよっている状態。しかしここに点が現われるとき、これは無限の動き（膨張。さきに述べた宇宙のビッグバン）となってひろがっていきます（○→⊙、眠りからさめた神の開かれた眼。神の啓示——「光あれ！」。これは、古代の象形文字で活動の象徴「太陽」を表わします）。

それはともかく、錬金術上で「全(すべ)ては1つ」という記号は、この円○で表わします。錬金術では、この記号は宇宙を、また霊石を表わします。錬金術作業のなかでは、蛇の形をとるウロボロス、つまりウロ（尻尾）・ボロス（呑み込む者）であり、のように円環状になったその中央には、ἕν τὸ πᾶν（hen to pan「全ては1つ」）というギリシア語の銘が書かれています。ギリシアの錬金術師は、存在するもの、知覚できるものに全体の統一性があるという信念を、この銘によって確認しました。前章に触れた両性具有（男女一体）の考え、さらにまた第一物質、混沌の考えもすべて共通した根をもっています。完全に溶解してしまった物質、限定できない広がりをもつ物質、いわばゼロ・無といったものにも「何か」の始源物質が存在し、それがまた、限定されながら限定されることのない空無の円としてのシンボライズ（象徴化）されるのであります。

錬金術記号は多様化し複雑怪奇化し真意をはかりかねる秘の秘なるものに至るまで千変万化の観（後述の水銀・硫黄などの例は、そのごく一端）がありますが、○（＝⊙太陽）の付属記号に関して、2～3のごく簡単な補足的説明をしておきたいと思います。

前述の基本的な記号表の中にある○の二次的図形、例えば☿、♂、○-、♀などの表示は、☿が太陽○の上昇・活動（朝、昼）を示し、反対に♀は○の下降・衰退（夜）を示し、♂（♂も同じ）や○-は日中(にっちゅう)を表示したものであることを指摘しておきたいと思います。

しまいに、半月または三日月（☽→⊃、☾→⊂）について説明しますと、⊃が一般には上弦の月であるのに対し、⊂は下弦の月を表示しますが、もちろん厳密に使われるわけではありません。また、変化の相としての月⊃⊂は、もちろん白銀の月だけに用いられた記号ではなく、銀のシンボルマーク（さきの〇太陽はもちろん金(きん)のマーク）でもあります。Ｃを頭文字にする錬金術上のラテン用語、例えばcalcinare（煆(か)焼する）、calx（石灰）、coagulatio（凝結）、cristallus（結晶）、cuprum（銅）、等々も指します。また例えば△（火）とＣ（circulatorius「循環の」、英語のcirculative(サーキュレイティヴ)）を組み合わせて🜸（循環火）の合成記号とすることもできます。変わったところでは、木星の記号♃（後述の説明参照）が、♃→ℨ→ℨと崩れていくこともあります。このような例は枚挙にいとまがないのですが、もう１つイメージ的な表示の例をあげておきましょう。Ｃ→∩、つまり上から丸型のふたをかぶせ、地をおおう半円状の天をイメージし、雪（❄）の降るシーンから「冬」♒という記号も登場してまいります。

では次は、さまざまな錬金術記号のバリエーションの一部を、図説をとおして簡単に説明させていただきましょう。

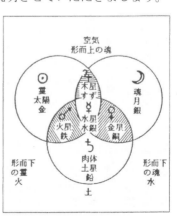

男性的な霊（精神）と女性的な魂と肉体との交差する3つの円。これらの円の多少の移動によって、活動性の消長、理性や感情の強弱などの違いがおこってくる。

第8章 記号・図説錬金術の様々な例

　　　　　　　　　c│a
　　　　　　　　　d│b

7つの星： ☉、☽、♀、☿、♂、♃、♄の種々相

a　B．ヴァレンティヌス『水銀――隠された賢者の石を製造しうる方法――』1618年版の本文にある木版画。この錬金術の円環の中心に人間の顔があり、これは硫黄、水銀、塩という3原質を示す3角形内にある。
b　両性具有（REBIS ← res「事物」、bina「2つの」。つまり男女2つの合体者）と7惑星（ヤムスターラー『錬金術の道案内』1625年）。
c　老いたメルクリウス（ヘルメス）の黒化。この体から霊と魂が脱け出している（ヤムスターラー『錬金術の道案内』1625年）。
d　賢者と学者が知識の木の下で対話をしている図。木の枝は太陽と月と諸惑星。上の3角形は宇宙の霊と魂と肉体を示し、下の逆3角形は3つの鉱物（硫黄、水銀、塩）を示して対応している（B．ヴァレンティヌス『12の鍵』1618年版）。

錬金術図説の数例

　図説の中に顔をのぞかせている神聖な7つの惑星（太陽○、月☽、金星♀、水星☿、火星♂、木星♃、土星♄。これらの星はまた、それぞれが金、銀、銅、水銀、鉄、錫、鉛に割り当てられます）、これらはまた、それぞれが絡み合って前々頁の図のような関係もつくり、3つの円が、それぞれ少し右に、あるいは左に上に下に、あるいは斜めに移動して、いろいろと違った相（例えば中央の水銀の面積だけをとっても、それが大きくなれば、それだけ水銀の力は大きくなる）を形成します。が、前にも☿（水銀）のところで申しましたように、水銀記号そのものに限ってみた場合、◡（月、☽→◠→◡）の要素（変幻自在性）がいちばん上にきているので、これが優位に立ち、その下に金○（水銀は金を溶かしてアマルガムをつくりますから）と、さらにその下に4元素が配置されて支配を受けることになります。♀（銅）は、その漢字をみてもおわかりのように、左が「金」、右が「同」、つまり銅が金に非常に外見上は似ていること（金星‐銅のコンビも同様）を表わしていますが、とにかく太陽○が十を支配している記号であることは前にも触れたとおりです。

　さてまた火星（＝鉄）のマーク♂が、古代ローマの軍神マルスの戦闘的な矢（→鉄の矢じり）をイメージしていることは、ご覧のとおりです。木星♃は、本来のギリシア文献では⚡のようになっており、ギリシア神話の主神ゼウス（ローマ神話ではジュピター。そのため「木星」は日本でもジュピターと呼ばれたりします）の頭文字Zに、この神のよく投げる雷電光⚡→／が付けられて♃と表示していました。が、後代になり、フが月マークの☽、〆が元素マークの十で表わされることになりました（つまり♃）。土星♄も、本来は⌐（つまり鎌型。この鋭い（⌐→）⌐で、

第8章 記号・図説錬金術の様々な例

ギリシア神話上の天空神ウラノスの男根がわが子のクロノス神によって切り落とされた）だったものが、結局はローマ神話上のSaturnus（サトゥルヌス）（クロノス神に相当する）、つまり「土星」（英語ではSaturn（サターン））の表示（ち→）ち（＋がゝの上位にきて、さきの木星とは逆のち）になったものと考えられます。

以上のとおりですが、ここでもう１つ。つまりアラビア錬金術上の金属理論、すなわち、すべての金属の種類は水銀☿と硫黄🜍の混合の割合によってきまるというこれらの二原質と、中世〜近代のキリスト教社会の三位一体的錬金術理論として、塩（🜔と

| Schwefel, gemeiner; lat.: Sulphur; fr.: Soufre; e.: Sulphur; it.: Zolfo. | Quecksilber; lát.: Argentum vivum, Hydrargyrun, Mercurius vivus; fr.: Mercure; e.: Mercury; it.: Mercurio. |

| Salz, gemeines; lat.: Sal commune; fr.: Sel commun; e.: Common salt; it.: Sale da cucina. | |

a 水銀（主記号☿、他は水銀を示すさまざまな記号）
b 硫黄（主記号🜍、他は硫黄を示すさまざまな記号）
c 塩（主記号🜔、他は塩を示すさまざまな記号）

か□の固体化原理）が加わって成立した3原質それぞれの多様な記号グループ（前頁の図）を掲げておきましょう。好奇心旺盛な方は謎解きのおつもりで、それぞれの意味するものを考えてみられてはいかがでしょうか。

第9章　実験の精神と抽出の作業

エッセンスの抽出に向けて

　前章ではおもに、単調な錬金術記号の説明に終始しましたが、ここでは生き生きした宇宙生命のエッセンス（エキス、精髄、精、スピリット、第5元素）抽出にいたるさまざまな錬金術作業（蒸留、実験）と、それらをとおして宇宙意思との一体感をもつこと（祈り）などに触れてみたいと思います。

　いまここに掲載しましたのは、「実験室と祈禱室の円形劇

「実験室と祈禱室」の図（クーンラート『久遠の知恵の円形劇場』1604年版）。本文中の説明文を参照していただきたいが、そこに書いてないことをここにつけ加えると、左には荒野のテントの幕屋の中に神に祈る錬金術師的哲学者の姿が見られ、中央には楽器がおかれている。音楽は心を楽しくするもの、その右には実験蒸留器、これは浄化するもの、などなど。

場」という有名な版画であります。左には神に祈る錬金術師の敬虔な姿が描かれていますが、右のマントルピースの上方には、LABORATORIUM というラテン語の大文字が見えます。これは現代の英語 laboratory（実験室）にあたります。しかしこの言葉は、本来ラテン語の laborare（「労働する→実験する」、英語は labour と -orium（「…する場所」を示す接尾辞、英語の -ory）の合成語

2人の天使に選ばれた卵の中にはメルクリウス（太陽と月から生まれる息子）が誕生しようとしている。10羽の鳥たちは、純化にみちびく10の行程を示し、下には2人が秘密の火による生命の誕生を祈っている（アルトゥス『沈黙の書』1677年版）。

第9章　実験の精神と抽出の作業

です。が、錬金術では、これをLAB-（←laborare）と-ORATORIUM
（英語ではoratory「小礼拝堂」←ラテン語orare「言う、祈る」）
の合成語と解釈しました。いわゆる「実験室」と「祈禱室」をか
ねる意味合いとしたのです。しかしこれは、6世紀以降のベネディ
クト会の修道院精神、およびこれを継承発展させたシトー会の労
働精神、つまり11世紀以降に高まりをみせたキリスト教修道院生
活の精神"Laborare est orare（労働することは祈ることである）"
の強い影響によるものにほかなりません。こうして、その後の錬
金術者たちにとっては、「キリストこそ最高の錬金術師」という

アルトゥス『沈黙の書』1677年版に掲げられているさまざまな蒸留器操作が
二十数場面にわたって描かれているが、ここにはその中の数場面だけを示す。神聖
な火によって物質の中から純化物（第五元素）を取り出す操作である。

発想さえ生まれてきました。

　かつては多くの労働を奴隷に任せ、肉体労働そのものを蔑視する傾向の強かった古代ギリシア・ローマの貴族倫理がありました。中世キリスト教社会では修道士たちの間で労働が重視されるようになりました。彼らは、「土地を耕しながら生きる」ことによって神の召命を待つ心境と、「心を貧しくして、この世の生を清く美しく祈りながら生き抜いていく」という新約の徳義の精神に導かれました。時代はさがりますが、近代画の名匠・ミレーが「晩鐘」の中で描いた農夫婦の姿、1日の労働を終えて祈る敬虔な美しいその姿も、以上の心を見事に表わしたものといえましょう。またすでに紀元2〜4世紀の神秘的な錬金術師たちの間でも、例えばゾシモス（紀元4世紀）の『徳について』（または『神聖な業について』）というギリシア語の論文を見てもわかるように、一連の実験的な労働と祈りの精神が感じとれます（本章冒頭の図絵、『沈黙の書』の他の版画もご参照ください）。炎につつまれて煮えたぎる坩堝の中の錬金術的・化学的金属変成の激しい力に、ゾシモスは死の厳しさと浄化の苦痛を見、鉛人→銀人→金人へと心身浄化・変革をとげていく姿を、身もだえする夢のなかで追体験する記載のことを私は言っているのです。ここにおいては、黄金はもはや決して物欲や権力欲の象徴的な対象ではなくなっております。この黄金はきわめて純粋で、どんなに厳しい業火の中でも、清らかに美しく強く不滅の姿を保ちつづけるもの、いわば永遠の生命のシンボルにほかならず、これこそが心身を浄めるものとなっています。

　そういう永遠的な生命は、多種多様な錬金術的実験のプロセスのなかで、あるいは神聖な水（後述）として、あるいは霊妙な精（例えば前に紹介した『エメラルド板』参照）として現われる場合もあったでしょう。例えば、さきのゾシモス論文中にあった「白

第9章 実験の精神と抽出の作業

くて黄色い水、煮えたぎった神聖な（硫黄の）水」（後述）もさることながら、ここには紀元２世紀の『クレオパトラの金づくり』（このクレオパトラは、例の史上に有名なエジプト女王のことではなく、一介のエジプト女錬金術師のことです）の水の記載をあげておくことにしましょう——「クレオパトラは彼らに言った——この水は、それがやってくると、肉体と、その中に閉じこめられ弱っている精気をめざめさせる。というのも、それらはまた抑圧を受

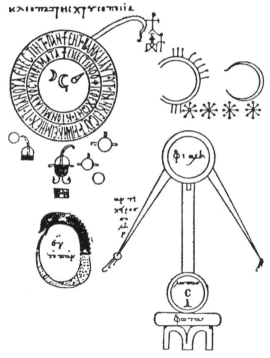

クレオパトラの「金づくり（Chrysopoiia）」の図解。自分の尾をのみこむウロボロス。ヘビについては前回に説明したとおり、この上には卵の蒸留器らしいものが並び、右下にも一種の蒸留器が大きく描かれている。左上に二重円、その中の記号は金、銀、水銀、

101

け、ハデス（冥府）に閉じこめられはするが、しばらくすると生長し、立ち上がり、春の花のようにいくつかの輝く色のよそおいをし、春は、それ自らが嬉々として、それらが身につけている美しさを喜ぶのである——」と。

エッセンスの話をもち出そうとして、いろいろ申し述べてまいりましたが、ここらで区切りよく、『クレオパトラの金づくり』の有名な1枚の図にも描かれているそのエッセンス抽出の実験用具である蒸留器、この話題に移っていきたいと思います。

蒸留器について（「生命の水」誕生に向けて）

ところで前回の記号ですが、これをエッセンス（ラテン語でessentia、英語でessence。← esse「存在する。英語のbe動詞の3人称単数形であるisも同系）の場合にあてはめると、⊻とか⊻が一般にはその記号として用いられることになっています。どうしてこういう表示になるのか、そこにもその説明はありませんので、特殊な勘(かん)（?!）を働かせなくてはなりません。みなさんの勘はいかがでしょうか。私の勘ではどうも、上を向いている⏝を横向きにするとϵ、つまりEssentiaの頭文字のEになります。いつか前の冒頭の絵図に「天から降りそそぐ霊気」の様子を描いたものを私は選びました。が、この霊気が天上から下界の万物へ、つまり4元素（⊻の下の部分の✚）の支配する生成消滅するこの世に、それぞれ何らか注ぎ込まれているとすれば、エッセンスの記号⊻の謎解きはまずできたのではないかと思います。

英語に、「ものの精髄」を意味するquintessence(クインテッセンス)があることは、すでに紹介したとおりです。quintessenceはもちろんラテン語のquinta essentia（第5の元素）からきております。地上の4元素の離合集散でこの世の万物が成り立つとすれば、永遠の天上

の活々たる霊気、つまり第5元素こそ、万物の宿るエッセンスであり、これを抽き出して弱っている病者に与えることがこの上ない救いの医薬になることは、理の当然であります。

しかし、こうした医薬としての第5元素がヨーロッパに定着する13世紀以降までに、われわれ人類は、それだけ長い苦しい試行錯誤の何千年、何万年をすごしてきたことでしょうか。

天上と地上、空からは美しく輝く日の光り、純粋な空気と清冽な水の贈り物、これらを欠いては決して生きていけない私どもに、さらにまた美しくも清らかで聖なる香りや色など、私どもの五感を喜ばせる数々のものが、人間にさまざまな想いや憧れをかきたてます。そういう思いが、物の奥深くしみ込んだエッセンス（エキス、精髄、神々しい天上のオーラなど）を抽き出したい、吸い寄せたいという願望になってまいりました。われわれの生命と深いかかわりをもつ植物、そのとある植物の葉をもむと、そこからは揮発性のまた何という香気が漂い出ることでしょう。そんな香りを植物から抽出したいという気持ちが、香水の蒸留精製に人々を大いに駆り立てました。紀元前5世紀ごろから、ペルシア・ギリシア・ローマの文献に、魅力的な香料・香水の記載がだんだん数多く見られるようになりました。

文献はともかく、しかしメソポタミア地方では、すでに前3600～前3500年ごろと推定される蒸留器（抽出器・分離器）が発掘されています（次頁の上の図参照）。その後の注目すべきものは、時代がずっと遅れ、前4～前3世紀以後の古代ギリシア文献に出てくる水銀と、その後の動植物や鉱物の蒸留法とその装置の改良などがつづきます。蒸留器の改良は、特に後2世紀以降の錬金術師たちが熱心に手がけるようになりました。さきのゾシモスの論文で「神聖な（硫黄の）水」、つまり硫黄の蒸留水、テイオン・ヒュドール（theion hydōr、テイオンには「硫黄」と「神聖」の両方の意

▶紀元前3500年ごろのメソポタミアの蒸留器。粘土製の壺で二重縁。上にふたがあったと思われる。壺の下のほうにあるものが熱せられ、蒸気になって上昇し、上ぶたに当たって液化、縁の間の溝に流れ落ち、それが穴から外に流れ出る仕組み（ペンシルヴェニア大学博物館蔵）。

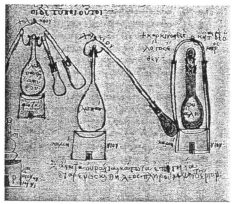

▶ゾシモスの装置。3～4世紀にアレクサンドリアで活躍した錬金術師ゾシモスの考案した蒸留器。彼は多くの金属変成に関する実験を行ない、蒸留器やルツボその他の実験装置を考案した。ゾシモスは、それを単なる物質変成ではなく、人間純化・昇華を目指す宗教的行為であると考えていた（パリ国立図書館蔵）。

味があり、ヒュドールは「水」の意）と呼ばれた難しい蒸留水の作成や、卵の中に宿る生命のエッセンスを抽出しようという卵の蒸留（右頁の下の図と本章冒頭の図参照）など、いろいろと困難な試みが行なわれ、そのつど装置は改良され発達していきました。

　蒸留器については、たくさんあるなかからいくつか図説で解説も加えておきますので、それらをご参照願うとして、ここでは蒸留器を表わす和製外来語の「ランビキ」について、その言葉

第9章　実験の精神と抽出の作業

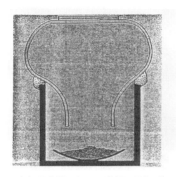

▲水銀昇華器(紀元1世紀。医師ディオスコリデスの考えたものの想像図)。上のふたはアンビクスという壺を逆さにして鍋にかけ、鍋の底においた辰砂を熱し、それから蒸発してアンビクスの底に水銀が凝縮するという仕組み。

▲哲学者の卵の蒸留器。卵から永遠の原生命である双頭の鷲(不死鳥)が生まれ出ている(15世紀のヴァチカン写本からのもの。ヴァチカン図書館蔵)。

の由来を少し説明いたします。つまりランビキとは、アラビア語のalanbīq(「蒸留器」。al-はアラビア語の定冠詞、-anbīqはギリシア語ambix「コップ、ビーカー」からの借用語)からきたポルトガル語alambique(英語はalenbic)の日本語訛であることを、ここに念のため付け加えさせていただきます。

　では次は、蒸留法の発達から、中世後半〜近代にかけて「生命の水」とか「酒精」「霊薬酒」、特に現代のかずかずの精油類に話を移します。これら医薬として脚光を浴びてきたもののなかでも、言葉はアラビア語、意味はドイツ由来と考えられる「アルコール」をとおして、金をつくる錬金術から医薬をつくる錬金術への転換過程といったものを少したどってみたいと思います。

105

鉄のアルコール（?!）と「生命の水」をとおしての医薬錬金術への道

「鉄のアルコールだって?!」と腑に落ちぬ方々がほとんどだと思います。私はあえて奇をてらっているわけではありません。

今からそう遠いというわけではない17～18世紀の英語の化学文献をみますと、ときどきalcohol（アルコール）という言葉が登場してまいります。しかしこれは、今でいう酒精アルコールの意味ではなく、「非常に細かな粉末」のことを指していました。英語でよく使われるalcoholism（アルコホーリズム）も、17世紀中葉の文献では「最も細かい粉末状のものにする操作」を指し、現代の「アルコール中毒」の意味ではありませんでした。だから、鉄や硫黄その他の金属・鉱物の細かい粉末状のものは、例えば鉄粉は「鉄のアルコール」(alcohol martis, martisは「鉄の」)、硫黄華であれば「硫黄のアルコール」(alcohol of sulphur) といっていました。結局、粉砕したり、煆焼（か しょう）（物質を加熱して揮発性成分を分離）・昇華したりして「最も細かい粉末状にした金属・鉱物類」、それがいわゆる「アルコール」だったのです。が、このアルコールがどういう経過で酒精あるいは医薬としてのアルコールに転身したのでしょうか。

よく引き合いに出される「錬金術」alchemy（アルケミー）のal-がアラビア語の定冠詞であったように、じつはアルコールのアル (al-) も同様でした。が、それではal-を取り除いた本体の-cohol（アラビア語では、ローマナイズして-koh'l）は、どんな意味をもっていたのでしょう。

すでに9世紀半ば、coholすなわちkoh'lは、アラビア文献には「最も細かく乾いた散布薬」の名称として残っています。この類のものは、古代エジプト以来、ある種の黒色の微粉末顔料として、眼の輝きを美しく神秘的にするためのアイシャドー用に使わ

第9章 実験の精神と抽出の作業

▲ 1570年ごろの銅板画「錬金術師たち」（大英博物館蔵）。多くの器具にまじってさまざまな形の蒸留器が見られる。図面は薬草からエキスを取り出しているところと考えられる。この作品は画家ストラダヌス（1523-1606年）の絵画をもとに、銅版画家が作ったもの。

れ、アラビアでも多用されました。これが、アラビア錬金術上のいわゆる「エリキサ」（いわゆる英語のelixir「特効薬・万能薬・霊薬」。アラビア語ではaliksīr、これはアラビア語の定冠詞al-とギリシア語の「乾いた」を意味するxērosの合わさった言葉）とも、いろいろなプロセスを経て結びつくことになりました。もともと「賢者の石」として、卑金属を貴金属に変換するために探求されたアラビア錬金粉末剤のエリキサが、超微細な粉末状の万能薬に転換していく背景には、それを受け入れるにいたるヨーロッパ側のヒューマニズム精神の影響と、以前から不老長寿を錬金薬（錬丹薬）に求めた中国・インドからのアラビア経由による思想の影響、その他、以上に見てきた蒸留器発達などなどがあげられると思います。なかでも、12〜13世紀とつづく十字軍遠征や、異教・異端として排除されつづけてきた古代ギリシア思想の中世

ライムンドゥス・ルルスと蒸留器の図。ルルスは 13 世紀スペイン生まれの錬金術師だったが、天の精である第 5 元素を蒸留器で抽出しようとした（1470 年ごろの著作『化学作業』中の図から。フィレンツェのマリアベッキアーナ図書館蔵）。

末キリスト教社会への受容といった歴史的な変革の問題は無視できません。

本章の冒頭から申し上げてきたエッセンスとか第 5 元素の問題などは、古代ギリシア（前 4 世紀中心）の偉大な哲学者プラトンおよびアリストテレスの影響なしには語れないことですが、それを核として古代エジプト・アラビア錬金術の肉づけを経て、とにかく 13 世紀以降のヨーロッパ錬金術の方向を決定していく人物は十数人といますが、ここでは代表的な 3 人だけをあげておきたいと思います。

16 世紀のアルコール蒸留器（1526 年の著作からのもの。ロンドン、科学写真図書館蔵）。

第9章　実験の精神と抽出の作業

　まずは、13世紀最大のギリシア哲学的・キリスト教的錬金術師ライムンドゥス・ルルス（図参照）の存在を見逃すことはできません。本来がギリシア語で書かれたという『エメラルド板』に出てくる「精」は、essentia（第5元素）として登場してまいります。そしてまた、蒸留法の発達もあって、ブドウ酒から蒸留されたもの（精妙・微細なもの）が、「燃える水」(aqua ardens)とか、「生命の水」(aqua vitae)、「酒精」(spiritus vini)など、そういったはっきりした名称をもって登場してきました。

　現代ではアルコール（酒精）の意味をもつ「生命の水」がいつ発見されたかについては、諸説紛々です。しかし、弟子たちによって書かれたというルルス論文が出るより1～2世紀も前の紀元11～12世紀には可燃性の「生命の水」が南イタリアの一角で確実に知られていたと思われます。

　14世紀のごく初めに、医師にして万学の博士であったというスペインのアルナルドゥス・デ・ウィラノヴァは、「生命の水」の治癒力を大いに賞賛しました。が、また13世紀の終わりごろには、イタリアのある地域では、これをつくり出す機械の所有が禁止されていたといいます。酒の害は昔から大きく、強力な酒精はさらにそれを煽り立てる危険があったからでしょう。しかしこの「生命の水」は、14世紀半ばのペスト大流行のとき、その消毒薬の効果が高く評価されて普及するようになりました。

　時代はすでに黄金づくりの錬金術から、もののエッセンスである医薬を抽出する術へと大きく転換しようとしていました。狭い一部の王侯貴族に奉仕しがちな黄金づくりから、広い人間的・人道主義的ヒューマニズムへの変革時代、16世紀前半に活躍した医学の風雲児パラケルスス（近代医化学の父）は、ついに、かつては精妙な金属的粉末を意味した「アルコール」を「生命の水」（精なる医薬の象徴的存在）に転用し、それが17世紀以降～現代まで

の医薬への道を大きく左右しました。が、パラケルススや、さらにさかのぼって古代ギリシアのヒポクラテスたちの追求した「自然性」という全体的・調和的な宇宙意思からは、大きくはずれる側面も露呈する皮肉なめぐり合わせになったことも、私どもは直視しなくてはなりません。

蒸留器の記号：♤、♧などは蒸留器から。▽は水（△「火、上昇の記号」に対して下降の記号）を示し、♥は蒸留液（水）を受けることを示す。♣は△（火）によって熱したものを蒸留液（水▽）として受ける表示。♩、♪などはdestillatio（ラテン語で「蒸留」）の頭文字から。

　錬金術については、いろいろの観点からそれぞれに説明することは多いのですが、次章は、大きな（マクロ）宇宙意思に従うべき小さな（ミクロ）宇宙である人間の医学の在るべき姿を、「錬金術論考」として後世に残したパラケルススの考えを申し述べさせていただきたいと思います。

　ところで、蛇足と承知しつつも、蒸留の記号をかかげたついでに、spiritus vini「酒の精、アルコール」の2～3の記号説明も付け加えておきたいと思います。⊗、✖、♦、♤、♧、などなどで、いろいろの表示がありますが、Vはvini（ブドウの）の頭文字、SとかRはspiritus「精、精神」の頭文字と中間文字（ちなみに英語で「酒精」のことは spirit of wine）をとったもの、さらに∴はブドウの粒とか種子のしるし、といった具合になることを指摘して筆を擱くことにいたします。

第10章　パラケルススの錬金術

塩（主としてアルカリ塩）の記号と効用

　皆さんはOcean（オウシャン）（大きな海、大洋）という英語、いや、オーシャン・ウィスキーのオーシャン（Ocean）とか、太平洋（Pacific Ocean）、大西洋（Atlantic Ocean）のオーシャンをよくご存じだと思います。しかしこのオーシャンという言葉が、「万物生みの

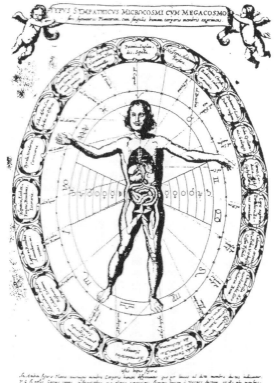

人体各部位と天・地（万物）との対応　例：頭―火星―白羊宮―シャクヤク・クルミ・海葱（かいそう）の対応（A・キルヒャー『地下世界』、アムステルダム、1665年）。

親」であるギリシアのŌkeanos（「(ギリシア神話上の) 海や川の神」。ラテン語化すると、Oceanus）に由来していること、そして、ものの根源を探究した古代ギリシアの自然哲学者タレス（紀元前6世紀）が、神話から離れて哲学の道を歩き始め、そこに万物の元を、特定の地域や部族の神（この場合はギリシアのオーケアノス）にかたよらず、それより遥かに一般的で普遍的な「水」という元素（しかしこの自然の水にこそ真の神性が宿ると考えられる）に求めた経緯など、ご存じの方もいらっしゃるでしょう。

　人間は、古代ギリシア以来、いわゆる「自然元素」を求めて長い思想の歴史を経てまいりました。古代の4元素（火・空気・水・土）から中世末の3原質（硫黄・水銀・塩）へ、さらに近代の化学元素（92の自然元素）、そして現代の素粒子理論へと、サイエンス（科学）はますます尖鋭化してきています。その間、さまざまな思想が交錯いたしました。しかしそうするうちに、私どもは、科学的になればなるほど、ややもすれば最も深く実感できるはずの身近な生命の母なるものへの心を見失う結果になったのではないでしょうか。あたかも最先端の技術や知識を駆使する心臓外科医が、ともすれば心臓ならぬ愛の心を忘れ去ることもよくあるように。さらにまた、目に見える心臓と目に見えない心とは、共に大いなる宇宙意思に根ざすものであることも同時に忘れがちであるように。

　前章では、私どもは中世～近代錬金術師たちが「生命の水」を求めて「ものの精髄」を探究した様子をみました。ここでは、私ども人間という動物の先先先代の動物たちが数億年前に、「生みの親、育ての親」の「海」から続々と上陸していきましたが、しかし私どもの生命をはぐくんできた海の精である「塩（えん、しお）」とは切っても切れない共有の生命の歴史があることを、私は塩（ここではアルカリ塩）の記号をとおして少し説明してみたいと思います。さらに、その塩を生命体の3大原質の1つに配して

第10章　パラケルススの錬金術

重要視するようになった中世末のヨーロッパ錬金術師とパラケルススたちの考えに触れることにいたしましょう。重要な人物パラケルススについては、後で改めてその医学論（医学体系を中心にして）を扱い、その際に彼の「塩」もやや詳しく説明する予定ですが、ここでのパラケルススは、本書の課題としての宇宙意思の観点から、天－人－万物一体のパラケルスス的錬金術医学を彼の著作『パラグラーヌム』（医学の4基礎論）中心に述べる考えでおります。

さて、中世錬金術や近代化学にとって欠くことのできないものとなった物質に、海の精と考えられ同時に人間の生命の糧とも考えられた「塩」（英語のsalary「給料」の語源はラテン語のsal「塩」、このsalは英語のsaltと共通）があります。この白色の粒から、人間の実用生活の上にもさまざまな功徳がもたらされました。アルカリという贈り物をとおしてです。ちなみに、人間の血液も酸とアルカリのバランスがとれた弱アルカリ性が健康体のバロメータであることは周知のとおりであります。

さてまた、alkaliとつづられるこの物質の名称は、さきのalcoholと同様、al-（定冠詞）が示すようにアラビア語のalqaliy（ある植物を焼いて作った灰）に由来しています。qaliyはまたqalay（フライパンで焙る）からきた言葉で、salsolaとかsalicornia（ともに前綴りはsal-）という海藻を焼いて得た灰、いわゆる「ソーダ灰」のことです。そしてアラビアでいう本来のアルカリというのは、このソーダ灰から得られたものでした。

ソーダ（アラビア語のsuda'には「頭痛」の意味があり、その治療に用いられました）は、古くからガラス製造には欠かせず、石鹸を作る材料でもあって、肥料や薬品原料としての用途も多く、広く商取引されました。そして近代アルカリ工業に重要な地位を占めていきます。

アルカリは灰汁（あく）のような味をもち、石鹸水のような洗浄作用があり、さらに色を変え、酸を中和させ、錬金術でも固定化と揮発化の両作用を兼ね備えた貴重な存在でした。

何百、何千とある錬金術の記号のなかでも、アルカリと名のつくものだけでも、アルカリの固定塩の⊖∀、揮発性アルカリ塩⊖4、その他、以上多くのアルカリ塩の記号があります。

サルソラ・カリの図（W・ウッドヴィル『薬用植物』、ロンドン、1792〜94年）：サルソラ属の植物は主にヨーロッパの海岸地方に生え、アラビアには近縁のサルコルニア属の植物がある。これらを焼いてアルカリ塩を作ったということから、化学組成は植物によって微妙に異なっていたと考えられる。

⊖、⊖4、⊖/4、♉、♃、♄、♇、△、△、☋、♀、▽、∪、♀、♀、♀、△、♯、♀、♀、♂、⊿、LA、R、♀（これは「生命の水」の記号でもある）、×、✕、⋎、ᴗ、⋈、℮、8、♃、▱

言葉（言霊）と同じく、記号も、単なる記号というだけでなく、はるかに重要な象徴的で精神的な意味をもっていた。

アルカリ塩には、固定・固体化の作用と揮発化の作用との二分極・二重化の性格があります。これが○を上下に分離させる⊖のしるし（シンボル）につながります。二分極化は、同時に♉、♃、△などにも示されるとおりです。✚は地上の4元素を示しますが、♀や♀も同じく分極を示しております。□はアルカリ塩の固体的原理を表わす四角、△のAはAlkali（アルカリ）の頭文字であり、⊿も分極したAのシンボルでしょう。○は始源の生命を表わし、また塩の本質体としてのミョウバンなどもこれで表わします

が、小さい○を3つつけた♈が生命の水を示すのは、▽が水を表わす（△は火）のにあやかったものにほかならないでしょう。

　ところで、アラビア錬金術が硫黄－水銀の理論を展開したことは前から何度も述べたとおりですが、これには古代ギリシア的二分化の影響も強いとして、中世ヨーロッパキリスト教社会の錬金術としては、キリスト教本来の三位一体の思想からも、肉化・固体化の現象からも、そこに深い知恵の啓示もあり、硫黄－水銀に塩を加えて、次のように図式化できる三者の関係が出来上がったものと思われます。左の図のように、硫黄は膨張力と一致します。それは万物の中心から発し、その行動は水銀の行動と相対峙(たいじ)します。つまり、水銀は外側からすべての物の中に入り込もうとします。この2つの相対(たい)する力は、結晶化の原理である塩⊖の中で釣り合うのです。これは生体の安定した部分を表わし、凝集は硫黄の発散が周辺の水銀の圧縮と衝突する地域で行なわれます。

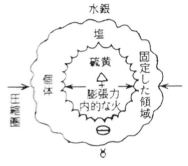

フリーメーソンの典礼定式書では、思考の室内（室外は水銀）に閉じ込められていた塩（中間物体）と硫黄（労働者）が考えられていた。

　さらに、現代化学流に塩（この場合 NaCl「塩化ナトリウム」を例とする）についていうならば、硫黄は非金属の単体、水銀は金属の単体、塩は金属と非金属の化合体であり、しかもこれらは、最も重要な3つの近代化学結合様式を代表するというように、近代化学以前に、これほどまで嗅覚鋭く自然界を理解していた先人たちの知恵に対し、私どもは多くのことを多(た)とすべきことを忘れてはならないと思います。

　生命の糧(かて)としての塩(しお)の重要さについては、聖書をはじめ、故事・

金言いろいろあって、いまさら贅言を要することはありませんが、ここにはただ、中世末～近代ヨーロッパのいわばベストセラーともいうべき『サレルノ養生訓』(サレルノはヨーロッパ医科大学の発祥の地)の「塩について」全5行ラテン語詩をご紹介するにとどめておきましょう——「薬味の塩壺は食卓に欠かすことができない。／塩は、毒を退け、味気のないものまで風味のあるものにしてくれる。確かに、塩気のない食べ物は味がまずい。／しかしまた、塩気が強過ぎると、視力は駄目になり、精液は減少し、／疥癬ができたり、体がかゆくなったり、悪寒戦慄が襲ったりもする」。

さて、ここでは近代の風雲児パラケルススの医学論の序の部分だけを紹介するにとどめ、本格論議は次章にまわしたいと思います。

パラケルススの錬金術的医学

目覚ましい科学技術の発展からいえば、また目ざましい発展をとげているかのように見える医学・薬学も、その最先端技術盲信の頭でっかちの体型を支える私どもの基礎的部分(心身の大元を含めて)には、知らぬ間にかなりの空洞化が進んでいるはずであります。自然そのものへの全体的で素朴な肌身の接触感から離れ、たえず分析的・計量的ハイテク技術をとおして自然に切り込んでいく手法から、水はH_2O、塩はNaCl、空気はO(酸素)とかN(窒素)とかCO_2(炭酸ガス)の一律化に目をうばわれて、血のかよい合った水とか空気・土などの身近に感ずる汚染化に対しては深刻な素朴な不健康感をさえ感じなくなるという危機的な意味での今日的な「自然にかえれ」が、最近はとくに私も含めて底辺に生活する人たちにとって、肌身の問題となって迫ってまいります。

上層部が観念的・理論的・空想的・ビジョン的・高踏的・理想的・教条的・官僚的・独裁的・不自然になればなるほど、大地の自然

第 10 章　パラケルススの錬金術

に素朴な感覚で根を下ろす者たちにとっては、何とも言えない違和感をおぼえてくるものです。そうしたとき、だんだんと地鳴りを立てるように健全な人間のなかの自然の気が、大地の自然、天の自然と一体になろう、一貫的になろうと立ちのぼっていくものだと確信しております。古代のギリシアの研究者としての私の見るところでは、そうした大きな気は、紀元前6～前5世紀の古代ギリシアなどを中心に、そして次には私ども現代20～21世紀の全世界的規模において立ちのぼりましたし、立ちのぼろうとしていますが、それらの世紀中か世紀の前かには、また必ず予言者的な声が呼ばわり合ったものです。

　私どものパラケルススは、そのかなり声高い「自然にかえれ」「大宇宙と小宇宙一体になれ」の大コールを世に送りました。16世紀前半のことであります。全ヨーロッパをまたにかけての嵐の席巻でした。宗教社会に大改革をもたらしたルターになぞらえて、パラケルススのことを「医学のルター」と呼びならわす向きもありましたが、そう呼ばれることを本人はひどく嫌ったようです。

　しかし、自然を無視して人間の盲信的権威を振りかざす学者たちに対し、このパラケルススは、『パラグラーヌム』の「序言」の中では、次のような発言をするまでに高揚していきました――「汝らは、アヴィケンナ、ガレノス、ラーゼス（いずれも権威的医学者）等々ともども、おしなべて余に従わなくてはならない。余が汝らに従うのではない。パリの、モンペリエの、サレルノの、ウィーンの、ウィッテンベルクの（いずれも権威的大学医学部所属の）汝らよ――余こそ全地球の全地域の君主、余がこの王国を導き、汝らの腰に勲帯を授けるのだ」。――こうして、一介の医師だったパラケルススは、全くの素人で、しかも一人きりで、すべての権威に挑戦し、およそ1500年にわたり全ヨーロッパ圏あるいは全アラビア圏に覇をとなえてきた在来の教条医学に対し、狂お

117

しく逆巻いたのでした。

　ここに少し取りあげた『パラグラーヌム』(Paragranum) という著作は、パラケルスス医学体系を代表する「パラ三部作」(ここでのパラはギリシア語のpara「常軌を逸した、超えた」の意味)の1つで、granum(ラテン語で「穀粒」、英語のgrain)とあわせて、「異常にすぐれた穀粒」つまり、生活・生命のこの上ない秘密の糧、ここでは、真実の医学の基礎（パラケルススは建物を支える柱とも呼んでいます）となる4つ（哲学・天文学・錬金術・宗教的倫理）の必須不可欠の要諦を述べたものです。

　まず哲学、——といっても、徹底した自然の哲学、つまり、「医師は自然から育つべきであり、…医師に由来するものは何もなく、あらゆるものは自然に由来し、自然においてある。医師は、ライプチヒやウィーンで生まれるのではなく、自然から生まれるのは当然である。…君は自然に基づいて自習しなければならない。アルベルトゥス、トマス、アリストテレス、アヴィケンナ、アクトゥアリスなどによっては、思弁すなわち妄想以外には、いかなる理解も与えてくれない。…」というものであります。古代ギリシア哲学を集大成し、2千数百年にわたって哲学の指標を示し、中世末（紀元13世紀）のキリスト教社会では「異教の聖者」とまで尊敬されるにいたった諸学の王アリストテレス（紀元前4世紀）も、自然の教えにくらべれば紙くず同然の価値しかありません。が、パラケルススの言葉をまつまでもなく、中世最高の神学者で厖大なすぐれた著作を私どもに残したトマス・アクィナス自身、晩年には筆を絶ち、「自分の著作は一切くずもの」と自分でいったのであります。自然とか神の広大・深遠な知恵にくらべるとき、私どもが自らを空しく無にするとき、つまりその宇宙の意思に身を投げ出して合一するとき、この真剣に誠実に祈る気持ちが自らを浄化し、一切を救うのでありましょう。パラケルススの言葉も、自然に帰依し、そ

の秘宝の片鱗に触れさせることが錬金術にほかなりません。

　錬金術、——第3の基礎（説明上、第2はこの次）としてかかげた「錬金術」には、アルカナ（arcana は arcanum「秘密・秘薬」の複数形← arca「箱・秘密の箱」）という言葉がよく出てまいります——「ところで錬金術とは外なる胃である。…錬金術は金をつくり銀をつくるというものではない。アルカナをつくりそれを病気に向けるということである。医者はそこへ懸命に向かっていかなければならない。以上のことが基本である。というのも、人は、こうした一切のことを自然の指示と確証から取り出すからである。こうして自然と病気は、健康の場合でも病気の場合でも結び合わされ、照らし合わされ、引き合わされる。治癒と健康回復はここにある。このようなもの一切を完全にするのが錬金術である」。パラケルススの考える胃の中には、それぞれ無数の小さな錬金術師がいて、火をもってすばらしい煮沸・料理献立（消化）をしてくれているのであります。当然その火は天の火に通じております。ここにこそ「天文学」を勉強する必要があるわけです。

　天文学、——第3の基礎と考えられた錬金術と第2の基礎である天文学を私の説明上、逆にしましたが、医師に天文・気象の知恵が必要なことは、パラケルススも別の箇所で評価しているヒポクラテスの『空気、水、場所について』の論文（紀元前5世紀）にもあるとおりです。これは古代〜近代の医師たる者の必読書（残念ながら日本の医師はごく少数者が読んでいるにすぎません）でした。が、それはとにかく、パラケルスス医学の根本は、天－人－万物の一体観であり、例えば太陽という星は私どもの体の中にも心臓となって組み込まれております。そういう考えは、何もパラケルススに特有なものではありませんでしたが、彼はそれをより明確にしたといえるでしょうか。まず冒頭部分で、「人間の身体内の天体は、外なる天体と同様に、それ自身の特性…をもってい

るが、外なる天体は、ただ形においてのみ内なる天体から区別され、実質的には区別されない。つまり、天空（エーテル、マクロコスモス）の中でも人間（ミクロコスモス）の中でも状態は同じであり、本性的に両者は、1つのもの、1つの本質である。私は医師として知らねばならない全宇宙の惑星や恒星の位置を論ずるつもりなので、ここでは、2つの本質、つまり位置と本性の構造原理（アナトミー）だけを論ずる。…」として、延々と天体論が述べられているのですが、とにかく、パラケルススにとっての考察課題は「天体すべてを支える空気は、目に見えないもの、しかし、この、いわばカオス（混沌）が星や太陽や月を支えもっているのは、まさに空気の本性と神秘である。…」というものです。「哲学」のところでも述べているように、「医師は第1の知識を哲学から得なくてはならない。哲学は、人間に由来するのではなく、天と地、空気と水に由来する。…私が哲学者について書くことによって、以下のことを君たちには知っていただきたい。つまり哲学者は、2つの道において、一方は天において、他方は地において…生長する。…下界の領域を認識する者が哲学者、上界の領域を知る者が天文学者である。…しかし天文学者は、自然の4つのあらゆる領域においての天文学者である。なぜなら、鉱物の発生と大地の性質を知る者も天文学者だからである。空気の力を知る者も、同様に、土星や木星を見て知っている者もそうである。これに即応して、…大地だけを知る者が哲学者である。なぜなら、自然に関わるものが哲学だからである」。

　倫理学、──哲学・天文学・錬金術の3つの基盤を支え貫く第4の基礎が、医師の品性・徳・信仰といった資質の問題ですが、ここでは残念ながら割愛させていただきます。

　本章の最後に「天‐人‐万物」を関連づけるパノラマ図を以下に紹介しておきます（本章冒頭の図もご参照ください）。

第10章　パラケルススの錬金術

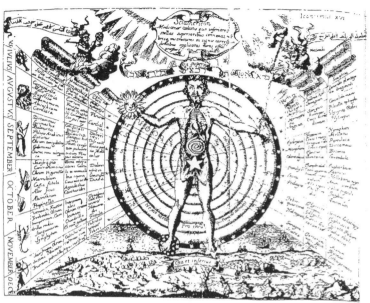

人体各部位(中央)と、いちばん外側の暦(12ヶ月：右下のIANVAR「1月」～左下のDECEM・「12月」)黄道12宮―植物・動物の生成物―病気―7惑星との相関図。例：人体の下腹部(腰腹部、腎臓)―10月―天秤宮―アロエ・イチジク・ニガヨモギなど―動物の中の結石など―腎臓病・便秘など(A・キルヒャー『光と影の大いなる術』、ローマ、1645年)。

121

人体各部位に影響する黄道12宮：白羊宮—頭、金牛宮—首・肩、巨蟹宮—胸・胃、処女宮—胃の下部、天秤宮—腸、天蠍宮—性器、磨羯宮—脛、双子宮—両腕、獅子宮—心臓、天秤宮—腸、宝瓶宮—臑、双魚宮—両足（『暦による聖者殉教の伝記』中のJ・ブリュースによる木版挿絵、シュトラスブルク、1484年）。

双子宮（ふたご座）
獅子宮（獅子座）
天秤宮（天秤座）
人馬宮（射手座）
宝瓶宮（水瓶座）
双魚宮（魚座）

白羊座（雄羊座）
金牛座（雄牛座）
巨蟹宮（かに座）
処女宮（乙女座）
天蠍宮（さそり座）
磨羯宮（やぎ座）

A—Zまでのアルファベット文字によるAcronym（かしら字アクロニム）。例えばLはLunaルナ「月」のかしら字。円環内の錬金術行程。円環の外には、パラケルスス的4基礎論的な文字が見える：PHILOSOPHIフィロソフィ（哲学者たち）、ALCHIIMIアルキーミ（錬金術師たち）、ASTRONOMIアストロノーミ（天文学者たち）、VIRTUTESウィルトゥーテス（徳）。これらはCABALAカバラ（術と自然の知恵の鏡）という題名で示されている〈S・ミヒェルシュバッハー『カバラ』アウグスブルク、1616年〉。

122

第11章 錬金術的宇宙における
カオスとコスモス

パラケルスス宇宙医学におけるカオスとは?!

　前章では、パラケルススを16世紀医学の「風雲児」と位置づけて話をいたしました。が、彼のような思想は必ずや21世紀には何らかの新しい形をとって再生・復活してくるものと思いますので、今一度、パラケルススに、すなわち彼のカオス（ここでは主として空気のなかの空気、いわば「気」のようなもの）論に触れてみたいと思います。

　図1はとにかく、例えば図2に示されているように、錬金術の挿絵には、中央に秩序あるコスモス（飾り、秩序→宇宙）が描かれ、その周囲にはもくもくした風雲と中央に向けて吹きかけられる気息が

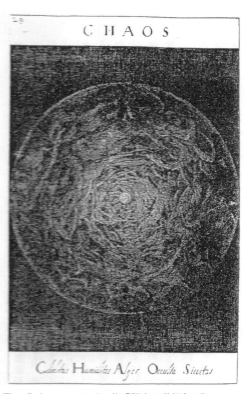

図1 B.C. van ヘルペン著『賢者の階梯』（グロニンゲン、1689年）：カオス（Chaos）。中央には卵が見える。

描かれるケースをちょくちょく目にします。普通は、秩序ある宇宙が風雲のなかに雲散霧消したようになっている状態を混沌（カオス）ということが多いのですが（例えば図1参照）、風雲児パラケルススは、必ずしもそうは考えず、さきの著作『パラグラーヌム』では次のように言っているのです――「カオス（混沌）が星や太陽や月を持ち上げ運んでいるのは、空気の本性と神秘である。……私たちは、土や水の勢力圏が落ちることのないよう、それを運んでいるカオスのなかを歩いているのである。卵のなか黄身が

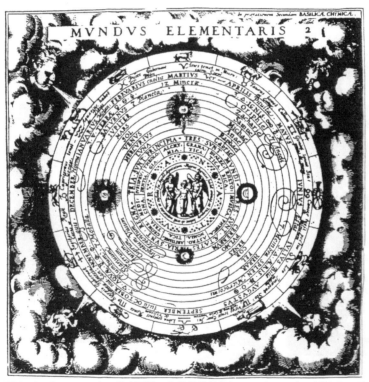

図2 J. D. ミュリウス著『医学・化学的著作』（フランクフルト、1618年：元素的世界（ラテン語でMundus elementaris）。コスモスの中央には純化された人間が描かれている。

第 11 章　錬金術的宇宙におけるカオスとコスモス

横にずれることなく、むしろ自身の中央に依然としてじっとしているのと同じく、……同じ力が働いて土と水もまたずれることなく、……私たち人間はカオスのなかを放浪し生活している。……とにかく人間のなかには太陽と月と一切の惑星が存在し、同様に一切の星々と全てのカオスがあるのだ」(「天文学」篇) と。また「錬金術」篇のなかではカオスについて、「……このアルカヌム（前章にも出てきた「天の秘薬」のこと）は 1 つのカオスであり、風で漂う羽毛のように星によって導かれ得るものである。……アルカナ（アルカヌムの複数）とは実際、性質と能力のことであり、揮発性で、物体的な形をもたず、カオスで、明るく、透明で、……」とも語っています。

カオス（混沌）と対比されるコスモス（秩序、宇宙。例えば前章の冒頭の図の中央に位置するミクロコスモス〈小宇宙〉としての人間と、本章の図 2 に掲げたマクロコスモス〈大宇宙〉。ラテン語で秩序・宇宙・世界は mundus（ムンドゥス）といいます）については、パラケルススはきわめて印象的に、例えば「人間の身体が天を自分に引き付ける」ような一切のものを「ある 1 つの偉大な神的な秩序 (eine große göttliche Ordnung)（アイネ グローセ ゲットリッヒェ オルドヌンク）」(「天文学」篇) と語っているものです。

が、それはともあれ私どもは、さらにさらに超顕微鏡的に見たものを拡大すれば、みんな雲や霧のような風のような存在物であり、濃淡の差こそあれ宇宙をあちこち浮くように放浪しているわけですが、あらゆる存在物の太極というか元始・太元というか、いずれにせよ混沌としたものを超微視的にはカオス（混沌）と呼び、巨視的には（一般に肉眼では）一定の形と見えるものをコスモス（秩序）と呼びならわしているにすぎない、と考えることができましょう。カオスが肉眼ではきわめて希薄なもの、見えないものだとするなら、それは透明であり明るいと言うことができる

でしょうし、見えない不可思議な太玄的なもの（玄＝黒）と考えるなら、一般にいわれている暗い夜的なもの、とすることもできるでしょう。

では次は、諸説紛々のカオスをめぐる古今東西のいくつかの見解をみてみることにします。

いろいろなカオス談義

太極（太極拳の太極）とか太玄とかいう古代中国的な言葉を引き合いに出した関係から、まずは中国における談義から始めましょう。

混沌（こんとん。中国語読みはピンインで表記してhun dun）は人偏にして倥侗ともつづりますが、多くはさんずい偏で渾沌・渾敦、渾淪（いずれも「こんとん」）などと書かれます。混沌が天・地・万物の未分化状態であり、よくヒヨコが生まれる前の鶏卵にたとえられるのは、古代中国文献ばかりでなく、古代ギリシア〜近代ヨーロッパ（さきのパラケルススの場合も含め）の神話・寓話・物語的な文献にも共通しています。が、また中国老荘思想の道家思想といわれるものには、最も自然的で健全な原気（元気）的なものとして表わされています。以上は、広く生みの親のようなものを意識しているのでしょう。「有物混成、先天地生、寂兮寥兮」（『老子』「道徳経」）〔物有り混成し、天地に先んじて生ず。寂たり寥たり〕とか、中国中央の帝王・渾沌の興味深い寓話（『荘子』「内篇」応帝王篇）に登場する思想は、人間のさまざまな小細工的・作為的知恵によって自然の本性を殺し不健全にされることのない大自然の最もすばらしい原気・元気を示唆するものであります。

渾沌というのは、もともとは「水が激しく流れて渦を巻くこと」から、何もかもがまだ「未分化で秩序も形もなく全く混じり合っ

ていること（もの）」にちがいないのですが、現代物理学者の湯川秀樹は、素粒子に関してこの『荘子』の渾沌に触れ、まだ陰陽に分かれる前の存在に関してある示唆を与えています（『本のなかの世界』）。

だいぶ前のことになりますが、イリア・プリゴジンが京都で開かれた世界賢人会議とやらに招かれ、彼の話を、たまたまその前に熱海で聴く機会がありました。そのとき私にとって最も印象に残ったのがやはりカオスについての話でした。

プリゴジンは、以前に日本に来て湯川秀樹の東洋思想的な考えにかなり興味をもったようですが、日本では『混沌からの秩序』（みすず書房、1987年発行）の原著者として有名で、非線形・不安定・ゆらぎなどの概念を不可逆性とか乱雑性のいわゆる散逸構造理論で説明し、その業績で1977年にノーベル賞をもらった創造性豊かな物理化学者です。が、その彼が熱海で私どもにこういうことを言ったのです――「ベルギーにある自分の関係する医学研究グループが、私にもはっきりはわからないのですが、健全で自然な脳というものはカオス状態を保つことのできるもの、しかし他方、例えば健全な心臓は秩序正しく鼓動して脈をうつものでなくてはならない、という見解に達したようです」と。

厳密を期すはずの数学者や物理学者が最も自由な想像力（→創造力）豊かな革新的人材であったり、常軌を逸する自然発生的突然変異がさまざまな驚異的生物（人間もその一種）を生み出したり、……数えあげれば創造力の問題はきりがないほどに多いのですが、いろいろと創造・分化していく自然太極の神秘的な本源を、私ども人間はこれまでいろいろな面から探求してまいりました。そこに現われたカオスの思想をめぐって、さきの湯川秀樹博士はまた、著書『外的世界と内的世界』（岩波書店、1976年）の「創造性について――同定と混沌」のなかに興味深い随想をつづって

います。これに関連し、またさきのパラケルススのカオス（一種の「気」）との関係で、ここでもまたインスピレーション（英語で inspiration →ラテン語 in「中へ」・spiro「吹く、呼吸する、吹き込む」）、つまり、天の気を吸い込むという「霊感」のことを指摘しておきたいと思います。このさい霊感といっても、これは肉体・精神状態のきわめて混沌・朦朧状態から突如として啓示のように現われる場合が多いのです。

さて水とか気とかの話は、『旧約聖書』創世記の「初めに神が天地を創造された。地は混沌としていた。暗黒が原始の海の表面にあり、神の霊風が大水の表面に吹きまくっていた。……」（祭司資料の創世記）とか、「…神は地の塵から人を造り、彼の鼻に生命の息を吹き込まれた。そこで人は生きた者となった」（ヤハウェ資料

図3 B.C. van ヘルペン著『賢者の階梯』（グロニンゲン、1689年）：大地（ラテン語で Terra）。

第11章　錬金術的宇宙におけるカオスとコスモス

の創世記。関根訳）にも表現されているとおりですが、前者は水豊かなメソポタミア農耕文化の影響を、後者は地味やせこけた土地に羊を牧する部族の性格を反映する叙述になっていると思います。が、水を万物の元(もと)とするかなどの議論は、古代ギリシアの自然哲学者たちの間にもみられたとおりです。

しかし何といっても、カオスを万物の始源的なものとした古代ギリシアの霊感豊かな伶詩人とうたわれるオルフェウス（前8世紀ごろのホメロスや前7世紀のヘシオドス以前の神話的人物）や、カオスの出生を初めとした『神統記(テオゴニア)』をうたいあげた素朴で真摯な農民詩人ヘシオドスをはじめとする一連の古代ギリシア作詞家たちの霊感的見解をここで少し

図4　図3と同じ著作：愛（ラテン語でAmor）。

紹介する必要があろうかと思います。

　オルフェウスにまつわるものは、オルフェウス神話をもとにつづられた密儀聖文書的性格の強いものですが、ヘシオドスのほうは何といっても史実に明らかな人物ですので、この人が神々の出生記を語る冒頭の「原初にカオスが生じた」から話を始めましょう。

　詩人ヘシオドスはもちろん、うそいつわりのないこの話を神山(しんざん)オリュンポスに住まい給う歌姫たち（ムーサの女神たち）からインスピレーションをえて語るのですが、彼は、カオス(Chaos)(カオス)がものの初めとして「あった」とはいわず、「生じた」といっています。が、ここでヘシオドスは、不思議な畏怖すべき多くの生成者のうまれ出る前に、まず最初にカーッと大きく口をあけた（ギリシア語でchaskō(カスコー)）暗くて恐ろしい深淵的な割れ目が生じたのだ、とごく簡単に述べられているにすぎないのでしょうか。古代ギリシアには、やがて自然哲学者時代（前7〜前5世紀）、そしてまたいわゆる本格的哲学者ともてはやされるプラトンやアリストテレスの時代（前5〜前4世紀）をむかえます。こうして後世までいろいろ問題になった原初へのかまびすしい論理的な思考は、プラトンが対話篇『ティマイオス』で示した「万物を受容する場」としてchōra(コーラ)（場所）とか、アリストテレスが『自然学』(ヒュシカ)で述べた「場所」（コーラ）や「空間・位置」（トポス）という考え方をとおして、ヘシオドスの「カオス」を考えてみようとしました。結局このカオスは、ヘシオドス『神統記』スコリア（古註）の示すところでは、(1)cheō(ケオー)（注ぐ）から「水」を考える向きと、(2)chōreō(コーレオー)（容れる、許す）の線からchōra（場所）の意味を考えてみる立場と、(3)「空気」（←cheō「流す、ひろげる」）を考えるという方向の3つに分かれます。

　しかし私は例によってグロテスクに、錬金術的というか神話素

第 11 章　錬金術的宇宙におけるカオスとコスモス

的・精神分析的というか、そういった考察をも以上のものに付け加えておきたいと思います。

やがて美しく擬人化されてくギリシアの神々も、もとはといえば素朴な石や樹木や泉や洞穴などへの自然への信仰からだんだん発展し、内容も豊富に、姿も艶麗さや雄渾・偉大さを増してきたわけです。最初は素朴な土着民の祭儀の単純な対象だったものが、時代とともに順次に種々の深い広い（?!）思想を付与されていくのは、人間精神の成長とともに当然であるとは思いますが、だからといって、前者が実質において劣っているとは決していえないでしょう。ヘシオドス自身が生活したボイオティア地方には、豊かな生殖・生産を祈るために男性生殖器をかたどった卵型の石像への信仰がありました。ヘシオドスのうたうエロス（カオスの次はガイア〈大地。図3参照〉とタルタロス〈大地の下の冥府〉が生じ、その次に「不死の神々のなかでもことのほか美しいエロスがうまれた」とある愛欲の男神。ラテン語では Venus〈女神ヴィーナス〉、愛は amor で図4参照）は、それと密接な関連があってのものに違いありません。またカオスに示される大地(ガイア)の裂け目にも、女陰に象徴される裂け目から連想されるそれへの信仰が根深くあり、そういう神話素をもとにしたものでしょう。ボイオティアの近くにあるデルフォイ神託地にあった大地の大きな割れ目（私自身もその地を訪れたとき実感したものです）の不思議については、古代の旅行家たちも報告しているとおりですが、大地の裂け目は、また男性的な父の天空神が母なる女神的大地に隕石・雷電などをぶち込んでそこを裂き割って出来たものである、というような天空と大地との聖なる婚姻を象徴する古い神話思考があったことも考えておかねばならないと思います。デルフォイ（Delphoi）という言葉自体が、女性の「子宮」を意味する delphys(デルフュス)からきたものかどうかは確実でないとはいえ、この神託所にまつわる種々の女

性的要素は、いろいろの傍証を豊富にしています。割れ目からの生の霊気、ひいては洞窟などの暗い恐ろしいものへの信仰については、ギリシアを歩いて聖所とされるところに、こういう何らかの裂け目をもったところを多く見るのも故なしとはしないのであります。他方、この割れ目への信仰が、ヘシオドスのカオス問題と心理的にも深いつながりをもっているとするなら、神話思考の重要な断面として精神分析的方法も重要さを増してくるでしょう。

ところでカオスの原気的な性格について、もう少し古代ギリシア文献をみておきたいと思います。

カオスに関してよく引き合いに出される喜劇作家アリストファネス（前5世紀）の『鳥』という喜劇のなかでは、「あんた方は、その空をとおって太腿の焼肉のかぐわしい匂いも通してやらないのですね」(192〜193行) と訳せる「空」には「カオス」という言葉が当てられ、イビュコス（前6世紀）やバッキュリデス（前5世紀）の文献をとおしてもこの事情をよくうかがい知ることができます。が、この場合は、カオスを単なる空間ではなく空気のような実体をも含めて解することがないと、同じ『鳥』の693行目のカオスの意味は十分に理解できなくなってまいります。アリストファネスは、夜が卵を生み、その卵のなかからエロスが生まれ、それが「暗澹とした翼のあるカオスに通って」鳥のやからをはぐくみかえした、といっているからです。「初めに夜があった」ということについては、オルフェウスにまつわる密儀聖文書の語るところとされますが、その「夜」(Nyx) は、さきの『鳥』では、「初めにカオスがあった。それに夜と暗い幽冥とそれから広い黄泉の世界とが」と出てまいります。そこまではヘシオドスの『神統記』的な語りようですが、その次の「まだ大地も下空も蒼穹もなかった。その幽冥のはてしない懐にか黒の翼もつ夜が、自分一人で卵をうんだ」とつづく箇所は、おそらくオルフェウス教の聖文書

によるものでしょう。しかし、いずれにしても、「夜」がヘシオドスにあっては「カオスの子供」とうたわれていますし、しかもその暗い「夜」は、古代ギリシアで「空気」をさすのに用いられたことが伝えられています。

　以上のようであるとするならば、ヘシオドスの「夜(ニュクス)の親」である「カオス」は、あのインドの『リグ・ヴェーダ』でもうたわれていた万物の元(もと)である「原水」とくらべて、それの占める空間も含めた「原気（元気）」とでも表現できるものでしょう。「原水」が多産であったように、「原気」も、すべての生成のはじめにあって、すべての生成を暗々裏に支配しているものとあるいは解釈されると思います。

　生命を与える元(もと)のものとして空気を重んずる考えは、さきの『旧約聖書』「創世記」のヤハウェ資料では、生命の本源である神の血のかわりに、神の聖なる「生命の息」が語られていることからも明らかです。さらに万物の元素を「水」とか「アペイロン（無限定なもの）」とか「火」とかに求めた古代ギリシア自然哲学者たちのなかにあって、アナクシメネス（前6世紀）が「空気」を万物の元(もと)としたことは、「生命の息」に対する重要な関連が、多くの人びとにまた共通の意識としてあったこともあずかって力があったと思います。

　中世錬金術〜近代化学思想がおこってくる過度期に現われたわれわれの重要な人物パラケルススのカオスもさることながら、彼の信奉者ともいわれた化学者ヘルモント（16〜17世紀）がカオスから「ガス」（気体）という彼の新造語を作ったことは有名な話です。やはり、同じくカオスの重要な気体的要素から連想したものにほかならないでしょう。

　では本章の最後は、錬金術上の天地創造の話でしめくくることにしましょう。

混沌塊の話
<ruby>混沌塊<rt>こんとんかい</rt></ruby>

　混沌塊(ラテン語でmassa confusa、英語に直訳するとconfused mass)といわれるものは、図aのようにグロテスクきわまる奇異な怪物であり、さきにあげたエロティックな話を錬金術的に具体化したものだといえます。インド、アラビア、中世〜近代のキリスト教世界での錬金術的・魔術的生命力・生殖力のきわめて旺盛な動物や植物や原初的・元素的物質(物質といっても、もちろん現代科学的な物質ではありません)でした。本書第6章

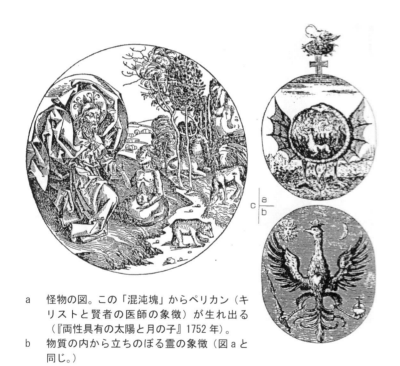

a　怪物の図。この「混沌塊」からペリカン(キリストと賢者の医師の象徴)が生れ出る(『両性具有の太陽と月の子』1752年)。
b　物質の内から立ちのぼる霊の象徴(図aと同じ。)
c　「第一資料」の粘土塊からのアダムの創造(『年代記と歴史の書』1493年)。

第11章　錬金術的宇宙におけるカオスとコスモス

で申し上げた千変万化のメルクリウス（変容の精）的・両性具有的な第一物質（ラテン語でのprima materia）でした。この物質は、潜在的にはあらゆる金属・霊薬・不老長寿薬まですべてを内蔵しております。もちろん、図cに示されるように、人間の先祖アダムも第一物質（始源物質）の粘土塊から誕生してまいります。こういう発想はまた、すでに、さきのヘシオドスの『神統記』ではガイア（大地）によって実現されていくのですから（げんにガイアは一眼の不逞(ふてい)な巨人族をはじめ、あらゆる神々、人間をはじめとする生物、天地万物、美徳・悪徳などの限りないものを生み出します）、このガイアこそ第一物質への変容ともとれるのですが、奇々怪々、そこにはいろいろなものがさまざまに入り混じってくるのです。初めに生じてくるのは確かにカオスにちがいないのですが、ものを生むのはガイアですから、どちらを万物の初源とするか、それこそ混沌としてまいります。

　以上、混沌（カオス）をめぐって、右往左往の説明をいろいろいたしましたが、混沌の対極にある秩序といっても、私ども人間も、何億・何十億・百数十億といった宇宙的混沌と秩序を内包しながら現在の生活をしていることを肝に銘じ、どのように宇宙人として地球人として健全に生きていける知恵をば自(みずか)らにしっかり体得するかが大切と思われます。

　次章は、この宇宙で錬金術的宇宙意思を体し、どのように生き甲斐をもって悠然と生きるべきかなどを考察して、本書を終わることにします。

　さてここで、後学のためにさきに触れた『荘子』「内篇」、「応帝王篇」-第7・7の一文を引用して、ご参考に供したいと思います。　南海之帝為儵、北海之帝為忽、中央之帝為渾沌、儵与忽、時相与遇於渾沌之地、渾沌待之甚善、儵与忽、謀報渾沌之徳、曰、人皆有七竅、以視聴食息、此独無有、嘗試鑿之、日鑿一竅、七日

而渾沌死。［南海の帝を儵と為し、北海の帝を忽と為し、中央の帝を渾沌と為す。儵と忽と、時に相与に渾沌の地に遇ふ。渾沌之を待すること甚だ善し。儵と忽と渾沌の徳に報いんことを謀りて曰はく、人皆七竅有りて、以て視聴食息す。此れ独り有ること無し。嘗試みに之を鑿たん」と。日に一竅を鑿ち、七日にして渾沌死す。］

結語　錬金術的人生論

自然の気と宇宙意識

　自由自在に変容・変貌する自然の気、生気、精気——それらはまた、スピリット（気息・霊気・精神←ラテン語 spiro「吹く、呼吸する」）としても、人間の体内外を、宇宙万物の内外を駆けめぐっております。「そら、そこにも神様が、いや、ここにもあそこに

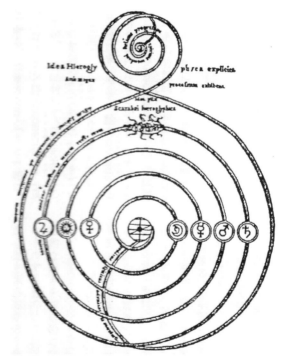

エジプトの神官たちはスカラベ（神聖甲虫）を再生の象徴とした。宇宙意思に従って、下の円環の中心から惑星系を通過しながら、上位の霊の統一体の中心へと回帰し、円環を完成する。この行程のすばらしさのために、これは繰り返される。

も神様が」、「いやはや、万物はいたるところに神霊(ダイモン)に満ちている」などなど、古代ギリシアの自然哲学者たちもその後の錬金術師たちも、殆どが口をそろえてそう言ってまいりました。私ども日本人の先祖も、大抵はそう感じていたようです。私の母も、「御飯粒1つの中には三柱の神様がおられる。捨てては罰があたる」と、幼い私をよく戒めたものでした。

考えてみればそれぞれが不思議な鉱物・植物・動物、光り、空気、水などに取りかこまれ、またそれらの一部を体内に取り入れたり、出すべきものを体外に放出したりして私どもは生きております。ある人間にとっては毒となるものも、他の生物にとっては栄養となる、その逆、また共通の場合、その他という具合に、万物はそれぞれがプラス・マイナスに関連し合い、数多くのすばらしい技術をもったいわば小さい錬金術師たちが無数に体外・体内にいて、分解・合成・運動・静止といった現象面の作用を繰り返しながら、大宇宙の中に各々が存在しております。人間中心的に考えた小宇宙（ミクロコスモス）、すなわち人間(ミクロコスモス)、という構図には限定されず、万物これすべて小宇宙というように、また例えば一人の人間のなかにも何十兆となく生き動く細胞個々の生命があり、それぞれに、陸地あり野あり山あり谷あり、町あり工場あり海あり川ありというように、1つずつが何らか小宇宙化できてもいるのです。

万物それぞれは、「共感・協調」（古典ギリシア語で sympathia → 英語 sympathy）(シュンパティア)と「反感・反撥」（antipathia → antipathy；sym‒ は「〜と共に」、anti‒ は「〜に反対して」）の関係を繰り返しながら、混沌（カオス）を内にはらみながらも、全体としては「調和」（ギリシア語で harmonia → 英語 harmony）の関係にあり、結局はそれぞれの生・死に象徴される変転のドラマを繰り返すことを、私はこれまで何度か申し上げてきました。

さて、主観・客観の織りなす人間の精神的・知的活動のなか

結語　錬金術的人生論

で、天体宇宙の現象の解明を担当する現代天文学は、私どもが息づく大きな太陽系をも塵化してしまうような数々の事象を続々と発表しております。例えばアンドロメダ星雲の1つをとってみても、これの私どもからの距離は何と200万光年（1秒に光りは地球を7回り半まわります、1年は秒にして3150万以上、そのさらに200万倍）強。その実直径は10万光年、質量は太陽質料の数千億倍。こういう星雲や星団や惑星系や連星系などを含んだ1つの銀河系をさらにいくつもいくつも数えきれないほど含んだ外側には、また超銀河（メタ・ガラクシー）が拡がっている、というようなパノラマを目の前に突きつけられると、これはたまったものではない、と誰しも思うでしょう。しかしそれはまた1つの現象のひとこまなのです。150億年以上も前に、尖った針の先ほど小さいものが大爆発（ビッグバン）をおこして今の宇宙は生じたのだ、と現代の最先端物理学は申します。が、そこまで凝縮した宇宙生命の以前には、またその延長上に宇宙はあったでしょうし、今の宇宙が目下はまだ膨張していると天体観測は推論していますが、この宇宙の終焉の延長上には、また次の宇宙がつづくことでしょう。

　あのニュートンが、神の深遠な内なる実体ははっきりした自然科学的法則で測るすべはないが、ただ外なる現象のひとこまは自分の発見した万有引力の法則で数式的にはっきり説明できる、と語ったあとで、自分のこの発見の喜びは、広大な海原の岸辺に打ち寄せられた無数の貝殻のなかから、なかでもひときわ美しい1つの貝殻を発見して大喜びしている子供の心境に似ている、と謙虚に述懐したことが伝えられています。

　人間は、多くのことを知れば知るほど、それぞれの知識量をそのつどいわば二乗した分量だけの未知なものがかえって目の前にさらにひろがり、ますます、自分を遥かに超えた偉大な力に、畏

れおののきひれ伏す結果になると申します。が、ニュートンの発見に道を拓(ひら)いた天文学者のケプラー（第1～第3法則の発見者）の難解なラテン語著作『宇宙の神秘』の研究・翻訳にかつて従事したとき、信仰者ケプラー自身の述懐からも私はいろいろなことを学びました。

　とにかく、それまで千数百年にわたり、ますます暗い闇のなかにおちこんでいった天文学のこととて、ケプラーやニュートンの力学的法則は、闇をつんざいた輝く光りそのものだっただけに、科学的な「現象」世界がそれだけ大きくクローズ・アップされ、数学・物理的測定を武器とする科学技術万能的な20世紀を迎えたのであります。かつてのニュートンやケプラーたちには測り知れない神の実体として畏れられ、いわば宇宙に充満していた意思ともいうべきものは、現象ばかりの知識を追い求める科学者や一般の人たちから離れ、心ある人々のスピリットの奥の深い深いところへか、あるいは遥かな深遠の彼方に、皮肉なことに全く隠れてしまうことになったのでありましょうか。「そらそこにも、いやここにもあそこにも、宇宙意思の神はおられた」のに?!

　現象ばかり測定ばかり追っていると、ほんとうの宇宙意思の声をきくことから離れて、例えば医療面でも、大病院のハイテク機器中心とか即効・即物的な抗生物質・化学薬品偏向に走ることになります。聴診器ももたず素手(すで)で、五感を重んじ自然の声をまず心身で感じとる血のにじむような修業がすっかりすたれてしまうことを、私は日本の医療のために心から残念に思う一人です。いや、これからは従来の科学技術ならぬ超科学技術で、という声も出かかっていますが、結局はこれも従来のものの延長上にあるにすぎないものと思われます。

結語　錬金術的人生論

遠心力としての科学(science)と求心力としての良心(conscience)

　かなり前に私は、中央公論社発行のある自然科学雑誌にscience（科学）とconscience（良心）の問題を取りあげたことがあります。scienceは本来、ラテン語のscientia（知識・学問）からきており、scientiaはさらに動詞のscio（知る）からきていますが、これに対してconscienceのほうはラテン語conscientia（良心）から、つまりcon・（～と一緒に、共に）・scientiaの合成語からきているのに、両者（scienceとconscience）のベクトル（方向量）は全く逆向きになるという問題を取りあげたわけです。

　人間の知識欲は、物欲や権力欲、名誉欲と共通して、とどまるところを知らないかのように、遠心力的にどこまでも広がっていこうとします。それに対して、求心力的にどこまでも奥深く秘めて深めていくのが人間の心の本質的な在り方と私はとらえました。科学技術万能主義とか、科学の中核となる物理の帝国主義などは、どこまでも知識を拡大していこうとするサイエンス重視の人間の傲り高ぶりであると考えたわけです。しかし人間にはこの危険な暴走を抑制する（コントロール、つまりcontrolする）良心（conscience）が厳然として存在いたします。英語のcontrolは中世ラテン語のcontrarotulo（contra-「反対に」-rotulo「回転する」）からきた言葉で、またcontraはラテン語のcum（～と一緒にまとまって）、つまりcon-からきているので、conscienceはまさにscienceの遠心的な動きを求心的に抑制・コントロールするものにほかなりません。遠心力と求心力が釣り合ってこそ、何でも円滑・調和的な円運動・回転をおこすというものでしょう。大なり小なり、地球上では鉱物に至るまでが、その構成原子は何

141

らかの円環運動をしております。大昔の人たちは鉱物も生きていると考えましたが、古代ギリシア人・ローマ人たちのいわゆる合理的な知恵ある人々の多くは、生きているとは考えず、現代の大抵の人々は鉱物を無生物と定義しました。が、それにもかかわらず私などは決してそうは考えず、すべては生きている、宇宙意思はすべてを貫通している、と自分のconscienceの奥底でそう確信した1人でした。

　ともあれ、宇宙意思のことで宗教信仰に少し触れる前に、さきに（第10章に）あげたパラケルススの著作『パラグラーヌム』の「倫理学」（または本質論）篇の冒頭部分をみてみたいと思います——「あらゆる医師は、医薬の知識と技術をよりどころとすべきであり、そこに医師の職務を定めるべきであるが、その知識と技術に関する論文を終えるに当たり、次のことは述べておかねばならない。つまり医師は、なおもう1つの基礎を身につけねばならないことである。その基礎は、哲学と錬金術と天文学という3つの基礎に役立つだろう。言い換えればこの基礎は、その3つのものを自身の基礎の内にもち、医術を創造し与えた神の意思に

A. ヒルシュフォーゲル作の銅版画（1538年）。45歳のときのパラケルスス（1493〜1541年）。チューリッヒ中央図書館。

結語　錬金術的人生論

従って３つの基礎を支える」という神信仰に至る道を説く部分であります。例えば、医師が神から愛を受け使命を定められているなら、医師はその知識と技術によって傲慢・豪奢・虚飾的であってはならず、自分の利益を考えず、自分を空しい(むな)ものと考え、すべての知識も技術も神に由来するものと考える誠実さをもたなければなりません。パラケルススに限らず、「近代外科学の父」といわれるパレも、医術と神に対して忠実に、必要とあれば国王にも乞食にも、信仰と愛の導きによって等しく最善の医術を行なう良心をもちつづけました。

　パラケルススは同書・同篇で繰り返し同じようなことを申していますが、その熱意ある重要なところを翻訳しますと——「さらにまた、医師は優れた信仰をもたねばならない。優れた信仰をもっている医師は嘘をつかず、神の仕業を完成させる者だからである。なぜなら、医師がそういう者であれば、医師彼自身がその証人だからである。つまり、あなたは、正直で誠実で強力な真実の信仰を、あなたのあらゆる心情・真心・感性・思考によってすべての愛と信頼のなかにもたねばならない。そのときこのような信仰と愛に基づいて、神は、神の真実をあなたから引き出すのではなく、信用できるように、眼に見えるように、満足できるように、神の仕業をあなたに啓示するだろう」と。また、彼の知恵をそこから引き出し学び、こよなく愛した自然のことについて彼は次のように言葉をつづけています——「医師は……適切な秩序をもって行動すべきである。……適切とは一致のことであり、人間の秩序に従ってではなく、自然の定められた秩序に従って行動することである。というのは、医師は人間の支配下にあるのではなく、自然を通じてのみ神の支配下にあるからである」と。

　当時、ルターの宗教改革の嵐が激しく吹きすさぶなかで、新教・旧教の枠(わく)に決して拘束されず、キリストへの信仰を深く胸に秘め

て生涯を終えたパラケルススを、私は以前ある雑誌の冒頭に次のように記したことがありました——「1541年9月24日、近代ヨーロッパの激動する時代のさなかに、47歳のパラケルススは、流浪の最後の地、オーストリアのザルツブルクで客死した。そのときの彼の遺言によって、貧しい人々には多くの施しがおこなわれ、また彼の遺体は当地のセバスティアン教会の貧民墓地に埋葬された。医術を愛し、貧しい人たちや清貧な生活を心がける人々に治療することをこのうえなく愛したパラケルススの生涯は、このようにして幕を閉じた」と。

　これまで私は、宇宙意思という言葉を何かと連発してきました。自分自身が限りなくそれを信じようとして修業しているのが、まぎれもなく自然の気であるこの宇宙意思を体得することだからです。つまり例えば私は、神道の国・日本に生まれ、自然万物に神気を感じ、しかしわが家の既成宗教は禅宗（曹洞宗）とて、毎朝毎晩、仏前に手を合わせたり、座禅修業をしたりしますが、寝るときはキリスト教的な十字を切り、食事のときはよくインド的ヨガ的な祈りを小さく口ずさむといった諸宗教体験者、また、自分の国家的な医療資格としては、アンマ・マッサージ、ハリ・キュウ師（といっても開業しているわけではなく、首と脊骨の悪い老妻に対して日日、心・技・体を心がけながらの指圧をすること）、自らの学問的な使命としては、ヨーロッパ的自然学の歴史（鉱物・植物・動物・天文・医術・薬物などを含む博物誌）分野の古典ギリシア・ラテン語原典の研究と翻訳をすること、その他、さらにインドでのヨガ修行や断食なども織り込む実生活をとおして、自分の全心身にはりめぐらされたアンテナにより、宇宙意思のオーラ・波動をできるだけ感じとるように努めてまいりました。

　以上のようなさまざまな体験をとおし、さらにまた古代ギリシア哲学やエジプト・ヘレニズム時代的錬金術やインド仏教の誕生・

展開、キリスト教信仰社会の成立・成立後の血なまぐさい抗争の数々、中国道教やイスラム教の成立、そして現代の科学技術万能的な時代などを間接・直接に追体験・現体験してきた私ども、——いろいろな富や覇権の激しい争い、血みどろの領土争いばかりでなく、学問・宗教のうえでも、古代ギリシア哲学の覇権、中世の神学覇権主義や近代〜現代物理学的科学技術的帝国主義などの交代劇が次々とおこり、また大量破壊の科学技術兵器を大々的に駆使しての恐ろしい現代世界戦争がおこり、さらに今なお果てしなくつづく血で血を洗う各宗教・各部族間抗争の行なわれている泥沼の有様を、史実をとおして追体験、または実体験してきた私どもは、この世をいかに生きるべきか、いかに死すべきかを考えざるを得なくなってまいります。そうしたとき、例えば私などは、これまで叙述してきた錬金術的な自然宇宙の意思への畏敬と帰依(きえ)と喜びと感謝の気持ちに徹すること、そのためには何よりも、できるだけの節度・節制のある実生活の体験をとおして、全心身を浄化していくこと、そしてさらに自分の場合は、利己心を空(むな)しくしていく学問的修業により生死を超えた宇宙意思への信仰に没入すること以外には道はないと考えるに至りました。

生は死、死は生——宇宙意思に従ってただただ健全に生きること

　人々がこれまで神を求めたり、錬金術（黄金づくり）を求めたり、光り輝く宝石を求めたりしてきたのは、永遠不滅なものへの人間の強い願望があったからだと思います。例えば黄金には、破壊的な火も長い時間の経過もこの金属の純粋な性質を変えることができず、永遠の高貴さを保つ本質があると考えられ、それがシンボル化されました。しかし、神や黄金だけが永遠不滅なのでは

ありませんでした。例えば無神論者呼ばわりされた紀元前5世紀ギリシアの原子論者デモクリトスも、この世のありとあらゆる事物の生成消滅を説きながら、それらを構成している最小単位の無数の原子（アトム）には永遠不滅の存在を認めたからです。彼も後世、真の錬金術師とあがめられました。

　いや、神も黄金もデモクリトス的原子も永遠ではないのだ、と現代最先端の現象科学は主張するかもしれません。しかし、私の知る限りの心ある最先端理論物理学者たちは、われわれを遥かに超えた存在（私どもの場合は宇宙意思をもった神）を信じていました。

　それはともあれ、さきのデモクリトスは健全な生活を求めて、自分に遺産として残された莫大な富は人々に分け与え、自らはど

輝く子供の誕生。錬金術的哲学の申し子は、賢い大地の養分である乳（錬金術的水銀）によって養育される。下には水、左上には火、右上には空に飛び立たんとする鳥に象徴される空気によっても祝福されている。

結語　錬金術的人生論

こまでも清貧に生きながら学問の全世界的な問題に取り組んだ人といわれています。私はここで「健全な」(英語でhealthy〈ヘルシー〉)という言葉が、その英語の語源をたどっていくと、「全体の(英語ではwhole〈ホール〉)」を表わす言葉と全くの共通の言葉にいきつくことを指摘したいと思います。同時に、自分の余計な欲をできるだけ希薄にする(利得無しのものに近づける)とき、それだけますます、全体的な宇宙の気(意思)、いわばオーラ(ギリシア語でのaura〈アウラ〉「朝のすがすがしい気」は英語のaura〈オーラ〉となります)を全心身に感受して、健全に生きてかつ死ぬ(自〈みずか〉らを無にして宇宙の気に没入する)ことができるのではないかと思います。

死、つまり腐敗(Putrefactio)。錬金術行程には、4(行程)とは12とか20とかの神聖な行程が示されるが、そのなかに「黒化」(Nigredo)、つまり腐敗(死)があり、それによってのみ、純粋な霊であるスピリットは腐敗物から飛び立ち揮発し始める、その後に輝く白いものとして再生(Albedo)もおこってくるのである(17世紀、J.D.ミュリウスの『足早〈ば〉やのアトランタ』の浮き彫りから)。

穀類まで断(た)ち、草根木皮と木の実だけを食べて山野をかけめぐり、日本に仏教をひろめた過去何百年いや千年以上も前の修業僧たちが、当時のおそらく平均寿命は30歳にとてもみたない時代に、元気で80〜90歳以上の高齢を全うした、という驚くべき伝記、中世ヨーロッパの乞食修道士たちのすばらしい行状記などを、病身の若い時代に読んで感激した日々のことを、私は今もいろいろ思いおこします──甘やかされスポイルされた（spoilt「台なしにされた」）幼年期、その後の胃弱・胃下垂・ノイローゼ・薬(くすり)づけとつづいた少年期・青年期を救ってくれたのが、耐乏生活を余儀なくされた戦争、つまり、イモならぬイモのつるや葉っぱ、大豆かすごはんなどを食べてしのいだ戦時下の厳しい状況だったこと。しかし、死をおそれ非国民あつかいされながらも終戦を迎えたこと。何としても死を克服しようとして読んだ（古代ギリシアの哲学者プラトンの）対話篇で知ったのがいわば乞食哲学者ソクラテスだったこと。彼の死にあこがれてギリシア哲学の道に入ったことなどなど──さらにそれらの善きにつけ悪しきにつけての、いわば修業の曲がりなりの人生行路を歩(あゆ)んできたことを振り返ります。

　雨あがりの朝、美しい虹が足元から立つようなオーラのなかで、土のかぐわしい香りをかぎながら、自分の体が解体して宇宙の気に吸いこまれていくように感ずるときがあります。同じく海辺に立つとき、山の頂きに立つとき、私どもは雲散霧消して永遠のなかに融けこむような一瞬があることは、誰しも何度か体験してこられていると思います。このようなときこそ、生は死、死は生であることを実感でき、生の喜びとか、死への静かな旅立ちが不安なく感じとれるよう、宇宙はそのつど私ども人間を含め、万物はひとつの假(か)りの姿と考えるようになるでしょう。今、人間の姿、個々の仮象をとおして、石と語り植物や動物たちと語り合う気を

結語　錬金術的人生論

心身に流れるままにできれば、と願いながら、本書の第6章にかかげたヘルメスやメルクリウスの変幻自在の風神の加護あれかしと切に祈りながら、錬金術的宇宙意思についての筆を擱くことにいたします。

「請い求める人たち」(哲学者たちの石、新しい真珠について書かれた錬金術書からの図、ヴェネチア、1546年の木版画から)——神の国とは何を意味するか。われわれが互いに許し合うこと。そうすれば神もわれわれを許して下さる。われわれが互いに愛し合うこと。そうすれば神もわれわれを愛し給う。……それ以上に幸いなことがあろうか。そして、これがわれわれにとって地上での至福であるとすれば、神の国はわれわれと共にあることになる(大橋博司訳『パラケルスス：自然の光』人文書院、1984年から)。

解説——マルボドゥス『石について』と『リティカ』

翻訳家　高橋邦彦

　石への信仰：パワーストーンという言葉が定着して久しい。この言葉は、人の願いをかなえてくれる神秘的な力をもつ石のことであるが、本来の英語ではなく和製英語である。近年、「癒し」や幸運を求めて、パワーストーンを購入する人が増えている。ネットで検索すると、パワーストーンを販売するネットショップが相当多くあるのに驚く。パワーストーンがこのようにはやるのには、現代人にも、科学では説明のつかない、石の神秘的な力を単なる迷信、まやかしと片付けず、信仰する心性があるということであろう。実のところ、石に超自然的な力があることは、太古から、世界中で信じられてきた。たとえば、ラピスラズリは、シュメール、バビロニア、エジプトで重んじられ、魔よけとして、装飾品に用いられた。また、ヒスイは、日本でも勾玉の素材として用いられ、インカ・アステカ文明でも、呪術に用いるものとして重きをなしていた。石は、古代から現代までずっと、超自然的な力を秘めた存在として尊ばれてきたといってよい。

　マルボドゥス『石について』：11世紀後半に書かれた、マルボドゥスのDe Lapidibus（デー　ラピディブス）（直訳すると『石について』）はラテン語詩作品ではあるが、現代人にはパワーストーンのガイド・ブックとして読める。当時から、いかによく読まれたかということは、百を優に超える写本が残っていることから容易に察せられよう。ラテン語写本を収集し、丹念に検討した研究者によると、マルボドゥスのこの詩が人気を博した理由は、おそらく、この書が医術のガイドとして読まれたからだという。

　マルボドゥス自身も、詩のプロローグで、石の神秘的な力が、医

者の治療を助け、病を追い払うと明言する。石の神々しい力を歌うことが、当時の医術の要望にこたえることとなったわけである。

ところでマルボドゥスは、石が秘める力の伝承的知識をいかにして得たのであろうか。西洋には古代から、宝石もしくは宝石のような外見・性質をもったもの（真珠・珊瑚・琥珀など）、また珍奇な石などの神秘的・驚異的な力を扱った詩、物語、記録など一群の著作があり、これを総称的に英語では lapidaries（ラピダリーズ）と呼んでいる。マルボドゥスは、古代から中世にかけて綿々と受け継がれてきた lapidaries を通して、知識を深めた。しかし、lapidaries だけでなく、詩行にもあらわれているように、ウェルギリウスやオウィディウスといった古典ローマ文学にも通じていた。マルボドゥスは、キリスト教の聖職者であるが、明らかに宗教的な枠、時流の枠を超えて、異教的な知識にも明るかったといえよう。こういった姿勢が、De Lapidibus を今日も読み継がれる古典にしたと言ってよいかもしれない。

中世の思考へのいざない：さて、話は戻るが、De Lapidibus は医術的なガイドとして書かれたというが、今日の読者が読むと、超自然的で、魔術的としか言えないような記述も多く見受けられる。これはどうしたことであろうか。ここで、私たちは、当時の医術に対する考え方を改めて見直す必要があろう。当時、宝石や鉱物を医術に利用することはよく行われた。12 世紀に、Philippe（フィリップ）de Thaon（ド タオン）なる詩人が、自らの lapidary で次のように書いている、「医術で石を用いる方法は4つある、石に触ること、身につけること、飲み物として摂取すること、見つめることである」と。石を「お守り」として身につけることも、単に見つめることも医術的行為なのである。今日、私たちは、石の秘める力をこれは医学的、これは神秘的、魔術的と分けて考えがちだが、当時はそうした思考はしなかったことを、この詩作品を読むとき、特に留意し

解説——マルボドゥス『石について』と『リティカ』

ていただきたい。今日のパワーストーンに寄せる思いは、ある意味で、中世の思考に近づくことを可能にしていると言っていいかもしれない。

作品の内容：マルボドゥスは、詩のプロローグで石の医術的な力を歌うことにある、と述べているように、石は第一に、いろいろな病に効き、治すことが歌われる。石の力は、熱病、眼病、潰瘍、水腫などの病に効くことにとどまらない。獣による噛み傷、毒にも有効である。また出血を止めたり、乳の出をよくしたり、酒酔いを防いだり、出産を楽にするという力もある。

もちろん石の力は医術的な力にとどまらない。現代人にとっては、よく言えば超自然的、神秘的であり、悪く言えば迷信、魔術的に思える力も大いに歌われる。まず印象的なものは、「悪魔を恐れおののかせ、追い払う」（クリュソリトゥス［黄橄欖石］）、「悪しき幻影を追い払う」（イアスピス［ジャスパー］）、「亡霊やテッサリアの怪物を追い払う」（コラッルス［珊瑚］）といった悪魔的なものに対抗する力である。これは、中世キリスト教社会の精神面での恐れをのぞかせていよう。「嵐さえもそらす」（スマラグドゥス［エメラルド］）、「激しい雹の被害に会わない」（コラッルス）、「雷に打たれることはない」（ケラウニウス［雷石］）といった悪天候・天災に対する力も歌われる。今日の私たちは、単なる迷信と片付けがちであるが、これも石の絶大な力を表したものであり、また石にはそういった強大な力があるという信仰表現といってもよいであろう。「身につける者を無敵にする」（アダマス、アレクトリウス［雄鶏石］）、「何にするにせよ、勝利者となる」（パンテロス［豹石］）といった詩行も目につく。特に、「訴訟に勝つ」（カルケドニウス［玉髄］）、「訴訟に役立つ」（スマラグドゥス）というのは、当時、裁判沙汰が多かったことを思い起こさせ、興味深い。また身につけると、予言する力を授ける力をもつ石も多い、スマラグドゥス、

エリオトロピア、ヒュエナ［ハイエナ石］、ケロニテス［亀石］がそうで、物言わぬ石にこうした神秘的な力を認めるのも、時代を越えて、人々の願いを反映していよう。

しかし、マルボドゥスが石に見出したものは、こうした大いなる、外面的な力だけではない。石が、それを身につける者に及ぼす内面的、精神的な力を授けることにも目を向けていることにも留意したい。たとえば、アカテス［メノウ］は、「雄弁で、好感が持て、顔色が良く、説得力のある者とし、世間にも神々にも気に入られる者とする」、イアスピスは、「人に好かれ、能ある者」とする、ケリドニウス［燕石］は、「雄弁にさせ、感謝に満ちた心にし、多くの人に好かれるようになる」、ベリッルス［緑柱石］は、「威厳を増す」。石が持つこうしたいわば内面を豊かにする力を歌ったことも、人々に大いに受け入れられることとなったように思える。

マルボドゥスは、古代ギリシア・ローマの叙事詩で用いられているヘクサメーター（6脚韻）でこの詩を書いたが、それを器にして、lapidariesで受け継がれてきた、石の形状、特徴、伝承を簡潔で、要を得て、過不足なく盛ったことに詩が成功した理由があろう。「スマラグドゥス［エメラルド］の緑はこの世のいかなる緑よりも美しい」、「サッピルス［サファイア］という種類の石は王の指にもっともふさわしく」といった詩句は読者を魅了する。身につけると無敵にするというアレクトリウスに古代の無敵の闘士ミロのクロトンのエピソードを、また同様にスマラグドゥス［エメラルド］に皇帝ネロがそれを鏡として用いたエピソードを添えて、読者の印象を深くする。それから、「どんな時でも凍っていて、どんな火にも熱くならない」ゲラティア［霰石］、その形状から「女性の妊娠や出産をまねる石」ペアニタ、「絶えず涙で滴っている」エニドロス（「中に水のある石」の意）など石の特徴を端的に表現

して、読者の脳裏に刻み込む。ここで、注意喚起しておきたいが、石の力は、もちろん人々に有益だが、すべて必ずしも肯定的なものばかりではない。その例として、マグネテスの力は、時に盗人の役に立つ。それもまるで、盗人にその石の用い方を教えるような歌いぶりである。目の病気から守るオプタッリウスも、「盗賊の最も頼りとなる守護者」と歌う。これらの詩行を読むと、キリスト教の高位の聖職者でもあるマルボドゥスが決して狭量ではなく、おおらかな精神、ユーモア心があるのを感じざるを得ない。

作者について：この詩の作者マルボドゥス（ラテン語名 Marbodus、フランス語名は Marbode(マルボード)）は、1035 頃、フランス北西部アンジューのアンジェ近郊に生まれた。アンジューはその当時、ノルマン人の侵略などで、平和とはいえなかったが、学問文化は必ずしも衰退していなかった。マルボドゥスのギリシア・ローマの古典的教養からいっても、学問的環境は整っていたと思われる。1067 年には、アンジェの学校の長となり、1069 年には、司教代理となった。学校長の頃から、以後ラテン語で、数々の散文・詩作品を著した。1081 年頃には、助祭長となり、1096 年には、レンヌの司教となった。1123 年、隠遁の地サン-オバンの修道院で死去した。

マルボドゥスのこの詩は、その異教的内容から、レンヌの司教となった 1096 年以前に書かれたとされる。「１２世紀ルネサンス」以前に、異教的内容をもち、古典的教養に富んだ詩が書かれたことは、大いに評価すべきであろう。

*

『リティカ』：マルボドゥスが『石について』を書いた時より、7 世紀ほど前に『リティカ』はおそらく成立したが、古代・中世の lapidaries の中でも、作者についても不詳で、ひときわ趣の変わった、謎めいた作品のように思える。ホメロスの叙事詩のよう

な詩形で書かれ、ギリシア神話を巧みに織り込み、作品の構成も割と複雑である。作品は、大きく3部に分かれている。まず序にあたる部（1〜90）、牧歌的物語の部（91〜172）、そして本題である、石の驚異の力をうたった部（173〜770）である。

　ところで、『リティカ』は、通称「オルフェウスのリティカ」と呼ばれているが、こう称されるのは、12世紀のビザンチンの文献学者ツェツェスによるためであって、作品には、伝説的な楽人であり詩人のオルフェウスが作者と示唆されるような箇所はもちろん一切見られない。また、この作品が成立した時期も、諸説あるが、4世紀後半と考えるのが最も妥当だろう。第61〜81行に展開される、語り手の悲痛きわまる嘆きの背景には、そのころマギ僧に対する激しい迫害があったことがうかがえる。また、第71〜74行に描かれた、「かの神のごとき人」の惨死に関する箇所は、ローマ皇帝ユリアヌスの師であった哲学者マクシムスが372年に処刑されたことをほのめかしているのではないかという説もある。

　作品の内容（1）——序にあたる部（1〜90）：詩人が1人称で次のように歌う部分である。最高神ゼウスの命により、神々の使者ヘルメスが、人間に授ける賜物をもってくる。ヘルメスは、賜物がたくさん積まれた洞窟に入り、よいものを手に取り、家にまっすぐ帰るようにと、人間の中でもっとも賢明な者に命じる。そうすれば、その者は、最強の者となり、人々には「神さながらの者」とみなされ、女性には愛され、奴隷には敬愛されようと。また人間を苦しめる病を患う者を救い、ヘビの毒を消す術も知るようになると。しかし、現世の人間は、「獣同然で無知にして無学」で、美徳を求めることもなく、労苦を厭う。当然、神々のご加護に与るどころか、ヘルメス神をも蔑む始末。序の部分の最後は、ヘルメスが人間のために授けた知恵を享受するよう訴えて締めく

くられる。

「序」では、ヘルメス神が人間に神秘的な知恵を授ける「恵みの神」であることがとりわけ強調され、この多面的な性格をもつ神に対する崇拝、信仰が強く感じとれる。そのヘルメス神が授ける知恵とは、直接的には、後で歌われる、石の賛美、讃歌を指すが、視野を広げて言えば、紀元2～3世紀エジプトで編纂されたとされる『ヘルメス文書』に盛り込まれた神秘主義思想とかかわるものであろう。

（2）――**牧歌的な物語の部（91～172）**：ここでいう牧歌とは、古代ギリシアの詩人テオクリトスが創始し、古代ローマの詩人ウェルギリウスに受け継がれた文学ジャンルを意味し、その牧歌で展開される常套的な構成になっている。

ヘリオス神に犠牲をささげるため山に向かう詩人（語り手）は、トロイア王プリアムスの息子で賢者のテイオダマスと出会い、同行するよう誘う。そうして同行の際に、語り手は、ヘリオス神に供犠を行うに至ったいきさつを話す。

語り手がまだ子供の頃、ヤマウズラのつがいを追いかけて、追い詰めた時に、ヘビに襲われる。呑み込まれる寸前に、ヘリオス神の祭壇に飛び乗り、その場をしのぐが、襲い掛かるヘビの餌食となる危機は脱せない。叫び声を聞いて、神のご加護のごとく、現れたのが父親の飼う2匹の犬で、ヘビの攻撃はそちらに向かって、語り手はようやく窮地を脱する。この奇跡的な救いを記念して、父親は、ヘリオス神への供犠を毎年行うことにする。テイオダマスは、詩人の話の返礼に、石の秘められた力を道すがら語るわけである。

（3）――**石の驚異の力をうたった部（173～770）**：約30種の「石」（宝石は割と少ない）がとりあげられ、賛美される。ここに登場する「石」は、何よりもまず、神々の御心をよろこばし、

そのため石を捧げる者の祈りや望みをかなえてくれるものであることに留意すべきであろう。石の賛美の背景には、第 407 〜 410 行で歌われる「大地からあらゆる種の石が生まれ、かつそれらの石には計り知れない、さまざまな力がある。…　植物にも大いなる力があるが、石にはさらなる大きな力がある」というような石に対する絶大な信仰がある。

　さて、石の驚異の力や色の由来を語る際、ギリシア神話を巧みに織り込んでいることが、『リティカ』の lapidary としての大きな特色であり魅力である。一例をあげよう。シデリテスという石は、これを持つ者に予言の力を授けるとうたわれる。トロイア戦争のさなか、パリスの兄弟ヘレノスは、ヘレネの求婚者の一人であるピロクテテスがヘラクレスの弓をもって参戦するならば、トロイアは陥落すると予言する。ヘレノスがこう予言できるのは、アポロンから、このシデリテスを授けられたためである。ピロクテテスは、毒蛇に噛まれ、9 年間レムノス島に置き去りにされ、苦しみ続けることになる。ヘレノスの予言により、トロイアに戻った際に、不治と思われた傷を治したのが、エキテスという石だとうたわれる。また、赤い宝石としての珊瑚も、英雄ペルセウスがゴルゴンの首を鎌で切り取り、そこから流れ出た血が凝固したためだとうたう。日本では、その色から血石と訳されるハイマトエイスも、ウラノスが、子クロノスにより男根を切り落とされた際に、滴った血がやはり固まったためだとうたわれる。

　石の医薬的な力（効能）としては、蛇やサソリの毒に効く石が多いことが目につく。神秘的な力では、詩の中でも、女神アテナは「珊瑚に無限の力を授けた」とあるように、宝石としての珊瑚が他の石を圧して、断然多様で大いなる力を発揮している。珊瑚（実は、刺胞動物門花虫綱に属する動物）が「植物」から「石」へと変化する過程は、古代人にとっても大きな驚きであったらし

く、その詩でも、それがよく表現されているように思われる。

　作品の評価：作者不詳の『リティカ』は、lapidariesの系統からいうと、魔術・占星術的傾向のあるものに分類されよう。言い換えると、神秘的、密儀宗教的性格が色濃く示されているといってもよい。最初の部で歌われる「洞窟」や「花咲く牧場」もシンボリックな表現であるし、第2部に登場する蛇も、単に恐ろしいものというだけでなく、象徴的意味合いが強くふくまれているように思われる。上に述べたように、「石」が神々の御心をよろこばす、と繰り返しうたわれるのも、まさしく宗教的発露によるものに他ならない。ヘルメス、アポロンをはじめ、多くの神々の名が挙げられ、石の由来にかかわる。多神教的な宗教色の濃いlapidaryとして、異彩を放っている作品と言えよう。

あとがき

　著者の大槻真一郎先生は、国際自然医学会の機関誌『森下自然医学』に「宝石のオーラ——鉱石のスピリットと宇宙意思」のタイトルで1994年1月から毎月連載したことがあります。この連載は、全部で53回にわたり、鉱物・宝石ごとに一つずつ紹介するのではなく、鉱物に関する古典を講読するという形式を取って執筆されました（この連載の後すぐに「医のオーラ」というタイトルで新連載が始まりましたが、これは薬物ごとの記述でした）。「宝石のオーラ」で取りあげた古典を順番に挙げると、マルボドゥス『石について』(ラテン語)、『リティカ』(古典ギリシア語)、プリニウス『宝石論』(『博物誌』第37巻、ラテン語)、パラケルスス『パラグラーヌム』(ドイツ語、これだけ鉱物の本ではありませんが)、ヒルデガルト『石の本』(ラテン語)、テオフラストス『石について』(古典ギリシア語)、『アリストテレスの鉱物書』(アラビア語)、偽アルベルトゥス・マグヌス『秘密の書』(英語)、アルベルトゥス・マグヌス『鉱物書』(ラテン語) の各書です。

　本書は、この連載「宝石のオーラ」における最初の12回分の記事を整理したものです。内容を簡単に言えば、前半では、11世紀に成立したとされるマルボドゥス『石について』(第1章〜第3章) と4世紀に成立した『リティカ』(第4章〜第5章) を紹介します。どちらも中世の時代にベストセラーとして読まれました（それで一括して中世宝石賛歌としました）。後半では、錬金術（第6章〜第9章) とパラケルスス（第10章〜第11章) を概説します。パラケルススを論ずるところでは、『パラグラーヌム』が紹介されます。そして、錬金術的人生論 (結語の章) で終わります。さらに、

マルボドゥス『石について』と『リティカ』に関してあまり馴染みのない読者もいるかもしれませんので、高橋邦彦さんにその解説をお願いしました。一読するだけでこの二つの作品の全体像がつかめるように説明されています。

＊

では、連載の媒体となった雑誌について触れたいと思います。雑誌の性格は、掲載される記事の内容を特徴づけるものだからです。この月刊誌『森下自然医学』は、国際自然医学会の出している機関誌です。この学会自体は、血液生理学者・森下敬一博士（お茶の水クリニック医院長）の呼びかけで集まった有志によって立ち上げられた団体です。薬物治療中心の現代医療に警笛を鳴らし、病気の治療に当たってライフスタイルに注目するなど、その堅実な方法には定評があります。その関係で機関誌には、食餌療法を中心とした記事が多く掲載されていました。養生法に関する数回の連載がきっかけで、鉱物・宝石に関して長期の連載を担当することになったと聞いております。雑誌の読者は、一般の読者あるいは患者さんがほとんどであり、楽しく読めるように工夫されています。したがってこの雑誌の連載をもとにして出来上がった本書も、非常に読みやすい文体で書かれています。

ここで、本書の特徴ともなっているモチーフに触れておきたいと思います。雑誌連載時のシリーズ名は「宝石のオーラ」でした。本書は「オーラ」への言及から始まり、「オーラ」への言及で終わっています。「朝の新鮮な風」（1頁）としてのオーラは、「雨あがりの朝、美しい虹が足元から立つような」（149頁）オーラでもあります。本書は、こうしたオーラのなかに佇んでいるときの心境が語られるところで終わります。その心境を端的に言えば、最後の小項目のタイトルにあるように、「生は死、死は生」である、ということです。誤解を恐れずに単純化して言えば、生と死、善と

あとがき

悪、健康と病気など、こうした一見対立的に見える両者は、お互いを否定し合う関係（すなわち一方を肯定すれば他方は否定される関係）にあるのではなく、じつはその両者は一体のあり方をしている、ということを意味しているのではないかと思います。こうしたモチーフが本書全体に通奏低音として流れています（これから刊行される予定の「ヒーリング錬金術シリーズ」の書籍にも同じことが言えます）。著者には、錬金術関連の著書として『記号図説錬金術事典』（同学社）と『新錬金術入門』（ガイアブックス）があり、内容的に一部重なっているところもありますが、それをすでに読んでいる方々にも、そのモチーフに彩られた本書は新鮮に興味深く読んでもらえると確信しております。

*

　本書で取りあげた古典の邦訳には、次のものがあります。マルボドゥス『石について』と『リティカ』については、原文付きの全訳（対訳）があります。小林晶子著「マルボドゥス「石について」の解説とラテン詩全訳 ── 11世紀末のキリスト教世界に登場した鉱石薬剤書の紹介」（明治薬科大学研究紀要〈人文科学・社会科学〉(20)，p1-44，1990）、小林晶子著「『リティカ』解説と全訳 ──「オルフェウスの鉱石讃歌」として知られる神秘的ギリシア詩の紹介」（明治薬科大学研究紀要〈人文科学・社会科学〉(21)，p1-61，1991）です。「紀要」なので入手が困難かもしれません。入手が容易で原文の訳が比較的多く引用されているものに、春山行夫著『宝石①』及び『宝石②』があります。そして、類似のテーマで興味をそそる本としてクンツ著『宝石と鉱物の文化誌』（鏡リュウジ訳、原書房）があり、紙幅の関係で本書では簡単にしか触れることのできなかった『聖書』の鉱物に関しては島田昱郎著『聖書の鉱物誌』（東北大学出版会）があります。

*

では、編集の方針を述べておきたいと思います。「ヒーリング錬金術シリーズ」①の『『サレルノ養生訓』とヒポクラテス』は、連載記事ではなく、すでに刊行された『ヒポクラテス全集』からの抜粋でしたので、ほとんど修正することはありませんでした。しかしシリーズ②以降は、雑誌に連載された記事をもとにしたものです。著者本人であればおそらく出版前に大幅に手を加えることが考えられますが、執筆していた当時の雰囲気をお伝えしたいこともあり、できるだけ修正しない方針で臨みました。それなら、そのままの形で出すのがいちばんよかったのかもしれませんが、それでもやはり、新しい読者が読んでくれることを想定し、話題の流れを調整しました。つまり、大きく抜粋したところがあります。例えば、執筆に当たって手伝ってくれた人を紹介したり、若い人が本を出すと、必ずその本を取りあげたり、という宣伝広告のような部分です。連載期間が長かっただけあって、そのときは若かった私も含め、わりと少なくない人数の人たちが紹介されていました。それゆえ、「記事の中にあったはずの自分の名が省かれている」と思われる方々もいらっしゃるかもしれません。その点はご理解をお願いいたします。また、雑誌の読者であれば同じ内容が繰り返されていても、次回読むのに1ヶ月のあいだがあくので、違和感なく読むことができますが、そうした繰り返しの部分も省略しました。

＊

　本書が刊行されるまでに多くの方々のご協力をいただきました。国際自然医学会の森下敬一会長には、転載の許可をいただきました。お忙しい中、翻訳家の高橋邦彦さんには解説を書いていただきました。高橋さんは、大槻先生の担当していた早稲田大学文学部のギリシア語・ラテン語ゼミの常連の参加者でした。コスモス・ライブラリーの大野純一社長、棟髙光生さんには、編集作

業に関して有益なご助言をいただきました。すばらしい装幀で送りだすことができたのは、河村誠さんのおかげです。また、岸本良彦先生（明治薬科大学名誉教授）、坂本正徳先生（明治薬科大学元学長）、向井良夫先生（明治薬科大学特任教授）、ご子息の大槻マミ太郎先生（自治医科大学教授）、そして大槻真一郎先生を慕う多くの方々から、温かいご支援のお言葉をいただきました。この場を借りて感謝いたします。

2017 年 6 月 21 日　　　　　　　　　　　　　　監修者　澤元 亙

索引

──**ア行**──
アイシャドー 106
アイテール（＝エーテル） 5, 45
アインシュタイン 20
アヴィケンナ 117, 118
アカテス 5, 8, 14, 40, 42, 54, 55
アクトゥアリス 118
アケロウス（川） 10
アスクレピオス 39, 44, 69
アダマス 14, 41, 54, 55, 66
亜炭 15
アナクシメネス 133
アプシクトゥス 27
アベストゥス 26
アポロン 8, 39, 44, 47, 48, 61
アマルガム 64, 94
アメジスト 20
アラバンディナ 16
アリストテレス 33, 73, 108, 118, 130
アリストファネス 132
アルカナ 119, 125
アルカリ 113, 114
アルカリ塩 82, 96, 112
アルコール 80, 105, 106, 109, 110
アルコール蒸留法 6
アルコホーリズム 106
アルベルトゥス・マグヌス 9, 6
アレクトリウス 14, 22
アンチモン 87
アンドロダンマ 27
アンビクス 105

イアキンクトゥス 15
硫黄 55, 73, 74, 81, 82, 87, 91, 93, 95, 101, 103, 106, 112, 115
硫黄華 106
石綿 26
イヤスピス 14, 18, 40, 42, 54
イリス 27
インスピレーション 1, 80, 128, 130
ウァレンス帝 53
ウィラノウァ 109
ウニオ 5, 7, 27, 57
ウロボロス 91
エウペタロス 40
エーテル（＝アイテール） 1, 5, 120
エキテス 16, 22, 41
エニドロス 27
エピスティテス 26
エマティテス 26
エメラルド 14, 18, 19, 35, 69, 73, 100, 109
エメラルド版 69, 73, 100, 109
エリオトロピア 16
エルサレム 21, 34, 52
エンペドクレス 78
黄玉 15, 18, 34
黄道12宮 30, 32, 121, 122
オスタネス 57
オストリテス 40
オニクス 14
オパリオス 40

167

オフィエティス　40
オフィテス　41, 55
オプシアノス　40
オプタリウス　27
オリーブ　10, 18, 28, 40
オリテス　27, 41, 55
オリュンポス　29, 37, 39, 44-46, 63, 130
雄鶏石　21, 22

——**カ行**——
ガガテス　15, 41, 55
ガガトロメウス　16
煆焼　92, 106
火星　30, 79, 94, 111
褐炭　15
鹿角石　40
月長石（→シレニテス）　16, 18
カトー　23
ガラクティダ（乳石）　10, 27
カラジオス　43, 47, 56
カルケドン　14, 19
カルコファノス　27
カルブンクルス　16, 18
ガレノス　117
含水石　27
木のアカテス　40
玉髄　7, 14, 16, 18, 19, 43
金　65, 83, 92, 94, 101
銀　27, 47, 56, 65, 77, 83, 92, 94, 101, 119
金星　30, 79, 94,
クセルクセス（ペルシャ王）　57
グノーシス　68
クラリオン　42
クリスタル　27, 40
クリセレクトゥルス　28

クリソパキオン　28
クリソプラッスス　15, 18
クリソロトゥス　15
クリュソトリクス　40
クレオパトラ　101, 102
黒玉　14
ゲーテ　19
ゲーベル　69
ゲゴリトゥス　28
血玉（髄）　16, 18
ケプラー　140
ケラウニウス　16
ゲラキテス　16, 22
ゲラティア　26
ケリドニウス　15, 22, 23
ケロニテス　26
賢者（哲学者）の石　107, 149
紅玉　16, 18, 34, 43
行程　77, 78, 88, 122, 147
黒鉛　69, 74, 77
コクサコンタリトゥス　26
コラッルス（＝珊瑚）　10
コラルス　16
コルセエイス　42
コルネリウス（＝コルネレオス）　16
金剛石　34

——**サ行**——
サッダ　26
サッピルス（＝サファイア）　14
佐藤勝彦　79
サファイア　9, 10, 13, 14, 19, 35
ザミランンピス　40
サルディウス　14
サルドニクス　14, 35
サレルノ養生訓　116

珊瑚（サンゴ）　8, 9, 10, 16, 38, 42, 55
三位一体　67, 82, 88, 95, 15
3原質　82, 93, 96, 112
塩　82, 93, 95, 111-116
7惑星　30, 32, 93
シデリティス　41, 55
シトー会　99
縞瑪瑙　14
ジャスパ　14, 19, 35
12の宝石　34
12獣帯　83
12天球図　83
昇華　106
昇華器 105
蒸留　97, 104, 109, 110
蒸留器　97, 99, 101-105, 107, 108, 110
蒸留水（液）103, 104, 105
蒸留法　6, 103, 105, 109
シレニテス　16, 18
辰砂　105
真珠　5, 7, 9, 27
新ピタゴラス主義　68
新プラトン主義　68
新プラトン派　53
翠玉　14, 18, 19
水銀　64, 66, 73, 74, 81-83, 91, 93-95, 101, 103, 105, 112, 115, 146
水晶　27, 40, 41, 42, 47, 54
水星　30, 79, 94
スカラベ　137
スコルピオス　41
錫　94
スマラグドゥス　14, 42, 43
精神神経免疫学　19, 31

生命の水　102, 105, 106, 109, 112, 115
石炭　16
葱　34
荘子　126, 127, 135
ソーダ 113
ソクラテス　49, 79, 148
ゾシモス　100, 103, 104

――タ行――
第5元素　5, 6, 97, 99, 103, 108, 109
第一質料　70, 73, 134
第一物質　91, 135
太陽　16, 18, 27, 30, 40, 41, 47, 54, 55, 65, 71-73, 79, 81-83, 91, 92, 94, 98, 119, 120, 124, 125, 139
太陽神　41, 46, 47, 65, 77
鷹石　22
タレス 112
地球　16, 29, 30, 117, 135, 139, 141
月　15, 16, 26, 30, 71-73, 79, 81-83, 92, 94, 98, 120, 122, 124, 125
月の病　15
ツバメ　15, 23
燕石　22, 23
ディアドコス　28
テイオダマス　46-48
ディオニシア　28
テエオバルドゥス　21
テオフラストス　16, 33
鉄　14-16, 25-28, 54-56, 94, 106
哲学者の卵　105
デモクリトス　78, 146

169

天来の像　5, 7, 8, 25
特徴表示説　8
土星　30, 79, 94, 95, 120
トパーズ　18, 19
トパジウス　15
トパゾス　40, 54
トマス・アクィナス　9, 118

──ナ行──
ナイル（川）　10, 66
鉛　64-66, 74, 77, 94, 100
虹石　27
乳石　9, 10, 27, 40
ニュートン　79, 139, 140
尿療法　22
ニラ　15, 18, 27, 28
ネブリテス　42

──ハ行──
灰吹法　65
ハイマトエイス　42, 55
ハチ蜜　9, 10
反射炉　65
パンテロス　27
ヒエナ　27
ピタゴラス　68, 78, 79, 87, 89
ビッグバン　30, 79, 80, 91, 139
ヒポクラテス　7, 110, 119
秘薬　119, 125
ヒュアキントゥス　15
ピュロス王　8
豹石　27
ピリテス　28
フィチーノ　68
風信子石　18, 19
フェニックス　　83
不死鳥　83, 105

ブドウ酒　9, 41, 42, 55, 56, 109
プネウマ　1
プラシーボ効果　9
プラシウス　26
プラシティス　43
プラトン　68, 78, 88, 108, 130, 148
プラトン・アカデミー　68
フリーメーソン　87, 90, 115
プリゴジン（イリア・）　127
プロメテウス　25, 29
ペアニテス　26
碧玉　14, 18, 19, 34
ヘシオドス　77, 129, 130-132, 133, 135
ベネディクト会　99
ヘラクレイトス　78
ペリカン　86, 134
ベリルス　15
ヘルマアフロディトス　72
ヘルモント　133
ポレイマンドロス　67, 68

──マ行──
マギ僧（→マゴス）　62-58, 61
マクシムス　53
マグネティス　38, 41, 55
マグネテス　15
マクロコスモス　30, 120, 125, 138
マゴス（→マギ僧）　51-53, 61
マラカイト　32
マルガリタ　5
ミコロコスモス　30, 120, 125, 138
ミョウバン　114
ミレー　100
紫水晶　18, 20, 21

メドゥス 26
瑪瑙 5, 7, 8, 14, 34, 54
メルクリウス 63, 64, 70, 73, 98, 135, 140
メロキテス 27
燃える水 109
木星 30, 79, 92, 94, 95, 120

──ヤ行──
ヤコブ・ベーメ 9
ヤマネコ 16
湯川秀樹 127
ユリアヌス帝 53
4元素 5, 78, 81, 82, 85, 87-90, 94, 102, 112, 114, 121

──ラ行──
ラーゼス 117
ライオン 21, 22
ランビキ 104, 105
リグリウス 16, 19, 22
リパライオス 42, 56
リパレア 27
リュクニス 40, 54
両性具有 72, 73, 91, 135
緑柱石 15, 18
ルルス（ライムンドゥス・） 108, 109
霊薬 74, 105, 107, 135
レピドトス 43, 54

──ワ行──
鷲（ワシ） 16
鷲石 22

著者・監修者紹介

大槻真一郎（おおつきしんいちろう）

1926年生まれ。京都大学大学院博士課程満期退学。明治薬科大学名誉教授。2016年1月逝去。科学史・医学史家。〔著書〕『人類の知恵の歴史』(原書房)、『科学用語・独-日-英・語源辞典・ラテン語篇』、『同・ギリシア語篇』、『記号・図説錬金術事典』(以上、同学社) など。〔訳書〕『ヒポクラテス全集』(編訳・エンタープライズ社)、テオフラストス『植物誌』(八坂書房)、プリニウス『博物誌（植物篇・植物薬剤篇）』(監訳・八坂書房)、ケプラー『宇宙の神秘』(共訳)、パラケルスス『奇蹟の医書』、同『奇蹟の医の糧』(以上、工作舎) など。

澤元 亙（さわもとわたる）

1965年生まれ。現在、明治薬科大学・防衛医科大学非常勤講師。〔訳書〕ピーター・ジェームス『古代の発明』(東洋書林)、プリニウス『博物誌（植物薬剤篇）』(共訳・八坂書房)、ハーネマン『オルガノン』、ケント『ホメオパシー哲学講義』、ハンドリー『晩年のハーネマン』(以上、ホメオパシー出版) など、博物誌・医学書の古典翻訳に従事。

シリーズ「ヒーリング錬金術」②
中世宝石賛歌と錬金術――神秘的医薬の展開

©2017　著者　大槻真一郎
監修者　澤元　互

2017年7月25日　第1刷発行

発行所	㈲コスモス・ライブラリー
発行者	大野純一
	〒113-0033　東京都文京区本郷3-23-5　ハイシティ本郷204
	電話：03-3813-8726　Fax：03-5684-8705
	郵便振替：00110-1-112214
	E-mail：kosmos-aeon@tcn-catv.ne.jp
	http://www.kosmos-lby.com/
装幀	河村　誠
発売所	㈱星雲社
	〒112-0005　東京都文京区水道1-3-30
	電話：03-3868-3275　Fax：03-3868-6588
印刷／製本	モリモト印刷㈱

ISBN978-4-434-23669-3 C0011
定価はカバー等に表示してあります。

「コスモス・ライブラリー」のめざすもの

　古代ギリシャのピュタゴラス学派にとって〈コスモス Kosmos〉とは、現代人が思い浮かべるようなたんなる物理的宇宙（cosmos）ではなく、物質から心および神にまで至る存在の全領域が豊かに織り込まれた〈全体〉を意味していた。が、物質還元主義の科学とそれが生み出した技術と対応した産業主義の急速な発達とともに、もっぱら五官に隷属するものだけが重視され、人間のかけがえのない一半を形づくる精神界は悲惨なまでに忘却されようとしている。しかし、自然の無限の浄化力と無尽蔵の資源という、ありえない仮定の上に営まれてきた産業主義は、いま社会主義経済も自由主義経済もともに、当然ながら深刻な環境破壊と精神・心の荒廃というつけを負わされ、それを克服する本当の意味で「持続可能な」社会のビジョンを提示できぬまま、立ちすくんでいるかに見える。

　環境問題だけをとっても、真の解決には、科学技術的な取組みだけではなく、それを内面から支える新たな環境倫理の確立が急務であり、それには、環境・自然と人間との深い一体感、環境を破壊することは自分自身を破壊することにほかならないことを、観念ではなく実感として把握しうる精神性、真の宗教性、さらに言えば〈霊性〉が不可欠である。が、そうした深い内面的変容は、これまでごく限られた宗教者、覚者、賢者たちにおいて実現されるにとどまり、また文化や宗教の枠に阻まれて、人類全体の進路を決める大きな潮流をなすには至っていない。

　「コスモス・ライブラリー」の創設には、東西・新旧の知恵の書の紹介を通じて、失われた〈コスモス〉の自覚を回復したい、様々な英知の合流した大きな潮流の形成に寄与したいという切実な願いがこめられている。そのような思いの実現は、いうまでもなく心ある読者の幅広い支援なしにはありえない。来るべき世紀に向け、破壊と暗黒ではなく、英知と洞察と深い慈愛に満ちた世界が実現されることを願って、「コスモス・ライブラリー」は読者と共に歩み続けたい。